室内设计
原理与实践

The Principles and Practices of Interior
DESIGN

◎ 易锋教育　总策划 ◎
◎ 张洪双 主编　何靖泉 副主编 ◎

文化发展出版社
Cultural Development Press

内容提要

本书通过丰富的知识要点、直观的概述信息、具有典范性的应用鉴赏等来介绍室内设计的原理与实践方法。全书共9章，内容包括了解室内设计的基本程序、室内的空间与界面设计、室内设计中的思维方法、室内空间设计原理、室内软装饰设计、室内设计过程与表达、居住空间设计、公共空间设计等。本书结构的特点是在每个知识点前都加入了带有概括性质的学习情景，并提供设计缩略图分析和设计创意点描述，可在接触设计原理之前就能透过该情景对全小节的内容进行简略认识，然后配合大量经典案例的展示与分析，科学、直观地介绍每个知识点，力求将知识点与实际应用紧密结合，帮助读者快速有效地掌握招贴设计在实际操作中的应用技巧；中间还穿插了对比分析，通过相同案例不同方案展示不同效果。每章的最后还配备了设计应用展示性质的动手做实践操作和课后实践练习，通过对一些优秀的设计作品的拆解式分析来巩固该章学到的知识点。本书最后一章是一个实际案例的完整制作过程，让读者能够体会企业实际工作中的工作流程和设计思路。

本书图文并茂、观点明确，通过对大量经典案例的学习与实践，可以有效提升读者自身的创作与鉴赏能力，帮助读者掌握室内设计的应用法则。本书可作为本科和高职高专院校设计相关专业以及设计领域培训班的室内设计教程的教材，也可供广大从事设计相关行业的人员参考使用，还可供初学者和设计爱好者自学使用。

图书在版编目（CIP）数据

室内设计原理与实践 / 张洪双，何靖泉编著. —北京：印刷工业出版社

ISBN 978-7-5142-0978-5

Ⅰ.①室… Ⅱ.①张…②何… Ⅲ.①室内装饰设计 Ⅳ.①TU238

中国版本图书馆CIP数据核字(2014)第100602号

室内设计原理与实践

主　　编：张洪双
副 主 编：何靖泉

责任编辑：张　鑫
执行编辑：周　蕾　　　　　责任校对：郭　平
责任印制：杨　松　　　　　责任设计：张　羽
出版发行：印刷工业出版社（北京市翠微路2号 邮编：100036）
网　　址：www.keyin.cn　　www.pprint.cn
网　　店：//pprint.taobao.com
印　　刷：永清县晔盛亚胶印有限公司

开　　本：787mm×1092mm　　1/16
字　　数：290千字
印　　张：11.75
印　　次：2019年1月第二版第一次印刷
定　　价：78.00元
ＩＳＢＮ：978-7-5142-0978-5

◆ 如发现印装质量问题请与我社发行部联系　发行部电话：010-88275709

编委会

主　编：张洪双

副主编：何靖泉

编委（或委员）：（按照姓氏字母顺序排列）

　　　　刘　巍　刘长志　李　卓　马　遥

　　　　宋　雯　杨金花　张晓梅　张洪梅

　　　　张景胜　张俊杰　赵　肖

PREFACE 前言

　　室内设计是根据建筑物的使用性质、所处环境和相应标准，运用物质技术手段和建筑设计原理，创造功能合理、舒适优美、满足人们物质和精神生活需要的室内环境。室内设计所需要考虑的方面，也将随着社会科技的发展和人们生活质量，以及心理需求的提高，而不断更新发展。

　　本室内设计教材的特色，每节配有学习情景分析，有经典的分析描述，每节都有工作任务安排和任务导入深入浅出地分析每个知识点。并配有知识扩展环节。为了便于读者学习，每章都设有动手做和课后练习部分，每章有明确的教学目的和要求，让学生在接受课题任务时有明确的依据。

　　第一章主要了解室内设计的基本程序，了解室内设计的特点及风格特征；帮助读者了解室内设计的程序及方法，对室内设计有重新的认识。为后面的学习做好铺垫。

　　第二章讲述室内空间的组成、室内空间动线设计，室内设计的基本元素及界面设计的方法；利用室内设计各元素对所有存在的室内空间进行一种能够发挥各自作用的整体描述。

　　第三章室内空间设计的创新思维方法和室内空间设计的主题确定的形式；帮助确定设计的主题，将风格与主题进行融合，将提炼的元素与主题、风格、空间相结合。

　　第四章室内设计色彩、材料、照明的运用；

　　第五章室内陈设和室内空间的整体协调关系及常用的设计方法，使学生掌握陈设的构思方法、造型特点、合理布局、色彩搭配、整体设计的基本原则。

　　第六章室内设计过程与表达，室内设计的方案生成、室内设计的表达的形式。

　　第七章居住空间功能和设计方法；居住空间各空间功能及设计要点，居住空间的各空间细部装饰设计装饰空间组织。

PREFACE

　　第八章阐述办公空间设计、餐饮空间设计、展示空间设计、商业空间设计、娱乐空间设计。能够进行空间各界面、家具、陈设、灯具、绿化、织物的选型。

　　本书在编写过程中，针对设计学院课程的特点，根据自身的教学经验，同时借鉴了一些专家同行的观点，在内容讲述上尽可能地做到系统全面。

　　本书由张洪双、何靖泉编著，参加编写的还有刘巍、李卓、张晓梅、杨金花、赵肖、宋雯、张洪梅、刘长志、张景胜、张俊杰、马遥，感谢他们的努力。

　　感谢印刷工业出版社提供机会，使我们能把教学和实践积累的经验进行系统总结归纳。感谢印刷工业出版社领导及编辑的大力支持和热心帮助，感谢在本书编写过程中提供支持及宝贵意见的同行们。感谢提供课堂作业的同学们。

　　本书参考了国内外较多优秀设计案例及作品，也引用了一些专家的设计理论，难免还会有些遗漏，在此谨向这些文献作者一并表示诚挚的谢意。

　　本书可以作为艺术设计的相关专业，如环境艺术、建筑工程装饰等专业的教材，也可以作为室内设计培训班的教材，并可供艺术设计相关专业的爱好者阅读参考。本书的出版与发行，对促进设计专业教学质量提高，满足广大设计爱好者的需求，提高人民群众对室内设计的认识，发挥了良好的作用。

编　者

2014年4月

目录 CONTENTS

Chapter 01 了解室内设计

1.1 室内设计入门 …………………………………… 2
学习情景：风格特征明显的设计 …………………… 2
任务一　了解室内设计的特点 ……………………… 3
任务二　掌握室内设计的风格特征 ………………… 4

1.2 室内设计的基本程序 …………………………… 7
学习情景：风格特征明显的空间设计 ……………… 7
任务一　方案前期准备 ……………………………… 8
任务二　方案的分析与定位 ………………………… 9
任务三　方案设计与表达 …………………………… 10

动手做　设计制作办公室方案图 …………………… 12
课后实践练习 …………………………………………… 15

Chapter 02 室内的空间与界面设计

2.1 室内空间的组成 ………………………………… 18
学习情景：打造具有紧凑感的空间效果 …………… 18
任务一　空间的组成 ………………………………… 19
任务二　室内空间的分隔形式 ……………………… 22

2.2 室内空间动线设计 ……………………………… 24
学习情景：动线明晰的设计 ………………………… 24
任务一　空间的流线设计 …………………………… 25
任务二　动线的布置方式 …………………………… 26

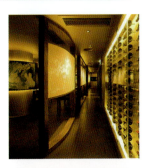

2.3 室内设计的基本元素 …………………………… 28
学习情景：墙面的处理手法 ………………………… 28
任务一　空间设计基本元素 ………………………… 29

动手做　制作快捷酒店过厅 ………………… 32
　　课后实践练习 ………………………………… 35

Chapter 03　室内设计中的思维方法

3.1　室内空间设计的创新思维方法 ………… 38
　　学习情景：主题空间的设计 ………………… 38
　　任务一　了解设计思维方法 ………………… 39

3.2　室内空间设计主题形式的确定 ………… 42
　　学习情景：主题空间的设计 ………………… 42
　　任务一　设计思维导图的表达 ……………… 47

　　动手做　积木的新表情 ……………………… 48
　　课后实践练习 ………………………………… 51

Chapter 04　室内空间设计原理

4.1　室内设计色彩的运用 ……………………… 54
　　学习情景：具有鲜明色彩的设计 …………… 54
　　任务一　色调在室内设计中的运用 ………… 55
　　任务二　色彩计划制订的原则 ……………… 57

4.2　室内设计材料的运用 ……………………… 60
　　学习情景：体现材料质感的室内设计作品 … 60
　　任务一　装饰材料质感的组合 ……………… 61
　　任务二　材料在室内设计创新中的应用方法 … 62
　　任务三　室内设计材料选用的原则 ………… 63

4.3　室内设计照明的运用 ……………………… 64
　　学习情景：舒适的光照作品 ………………… 64
　　任务一　室内的采光方式 …………………… 65
　　任务二　照明设计的基本原则 ……………… 67
　　任务三　照明与空间的完美结合 …………… 68

　　动手做　制作客厅效果图 …………………… 70
　　课后实践练习 ………………………………… 73

Chapter 05　室内软装饰设计

5.1　家具在室内设计中的配置 ………………… 76

学习情景：利用家具来分隔空间 …………… 76
　　任务一　室内家具的选择 …………………… 77
　　任务二　家具在室内环境中的作用 ………… 78
　　任务三　家具布置的基本方法 ……………… 80

5.2　室内装饰艺术品配型与设计 ………… 82
　　学习情景：色彩丰富的室内陈设品 ………… 82
　　任务一　室内陈设品的作用 ………………… 83
　　任务二　室内陈设品的陈设方式 …………… 84

5.3　室内装饰织物设计 ………………………… 86
　　学习情景：织物在室内空间的重要角色 …… 86
　　任务一　室内装饰织物的配套设计 ………… 87

5.4　室内绿化设计 ……………………………… 90
　　学习情景：净化空气的绿色植物 …………… 90
　　任务一　绿化的作用 ………………………… 91
　　任务二　室内绿化的布置方式 ……………… 92

动手做　卧室空间软装饰设计 …………… 93
课后实践练习 ……………………………………… 95

Chapter 06　室内设计过程与表达

6.1　室内设计方案的生成 …………………… 98
　　学习情景：各种草图稿分析 ………………… 98
　　任务一　灵活运用各种徒手草图 …………… 99
　　任务二　意向图的搜集 ……………………… 101

6.2　室内设计的表达形式 …………………… 103
　　学习情景：设计方案图 ……………………… 103
　　任务一　施工图绘制 ………………………… 104
　　任务二　室内设计表现 ……………………… 106

动手做　制作手绘效果图 ………………… 109
课后实践练习 ……………………………………… 111

Chapter 07　居住空间设计

7.1　居住空间的设计 ………………………… 114
　　学习情景：居住空间中客厅的设计 ………… 114
　　任务一　不同功能类型的内部空间 ………… 115

动手做　制作客厅设计图 ················· 130
　　课后实践练习 ····················· 133

Chapter 08　公共空间设计

8.1　办公空间设计 ················· 136
学习情景：Google公司室内设计 ··············· 136
任务一　了解办公空间的基本特征 ·············· 137
任务二　办公空间设计要点 ················· 139

8.2　餐饮空间设计 ················· 143
学习情景：香山饭店设计分析 ················ 143
任务一　餐饮设计要点 ··················· 144
任务二　餐饮空间界面设计要素 ··············· 145

8.3　展示空间设计 ················· 148
学习情景：风格特征明显的设计 ··············· 148
任务一　展示空间设计的处理方法 ·············· 149
任务二　展示道具设计 ··················· 152
任务三　展示设计的原则 ·················· 154

8.4　商业空间设计 ················· 156
学习情景：卖场空间设计分析 ················ 156
任务一　商业空间设计的原则 ················ 157
任务二　商店卖场的设计理念 ················ 159

8.5　娱乐空间设计 ················· 162
学习情景：酒吧设计分析 ·················· 162
任务一　娱乐空间的布局 ·················· 163
任务二　娱乐空间的设计要点 ················ 164

　　动手做　制作手绘效果图 ················· 165
　　课后实践练习 ····················· 168

Chapter 09　综合实力大演练——居住空间室内设计

PART1　框架空间制作 ··················· 175
PART2　家具配置 ····················· 176
PART3　陈设设计 ····················· 177
PART4　照明设置 ····················· 178

Chapter

了解室内设计

◆ 　了解室内设计的特点

室内设计是对建筑物的内部空间进行设计。了解室内设计的程序及设计方法。

◆ 　熟悉室内设计的风格特征

熟悉室内设计常见的风格特征，为做设计打下良好的基础。

◆ 　掌握室内设计的基本程序

了解室内设计的基本程序及每一步的制作方法。

1.1 室内设计入门

在室内设计中，内环境设计是整体环境的一部分，是环境的空间节点，是环境空间艺术设计的细化与深入。这一切都更加明确了室内的设计是为满足部分人群的特定使用需求。

学习情景	风格特征明显的设计
工作任务	任务一：了解室内设计的特点 任务二：掌握室内设计的风格特征
任务导入	选用一个室内设计作品作为学习情景，通过对该空间的分析，了解室内设计的风格，掌握其风格特征，更好地为设计服务。

学习情景：风格特征明显的设计

简约的现代风格设计，强调空间的整体性、风格的统一性，强调主人鲜明的"个性"特点，体现出时代、生态、环保与职能性，也展现了科技节能与艺术品质的完美结合。

❶ 简约的现代风格
❷ 功能的合理运用
❸ 色彩的搭配
❹ 几何面的搭配运用

描述1
简约的现代风格
以简洁明快的设计风格为主调。简约中求艺术，化繁为简，合理地简化居室空间设计，从简单舒适中体现生活的精致。

描述2
功能的合理运用
在功能上，客厅是主人品味的象征，也是交友会客的场所，能使人在该空间中得到精神放松。从视觉到心灵给居者通达的感受。

描述3
色彩的搭配
较多地采用黑、白、灰为主色调，适当搭配其他色系，活跃了室内气氛，使人生活更加轻松和谐。

描述4
几何面的搭配运用
运用很多几何形的面来诠释现代风格极致简约的设计理念。

任务一　了解室内设计的特点

室内设计是整体环境中的一部分，是环境空间的节点设计，是衬托主体环境的视觉构筑形象，同时室内设计的形象特色还将反映建筑物的某种功能以及空间特征。

↑ 如上图在室内设计中，要遵循建筑的原始结构，此大厅设计中只对建筑中原始的柱子进行有效的装饰，而没有把它拆除。

❶ 从属于建筑空间

室内设计是对反映建筑物的内部空间进行设计。室内设计从属于建筑设计，现代室内设计是根据建筑空间的使用性质和所处环境，运用物质技术手段和艺术处理手法，从内部把握空间，设计其形状和大小。为了满足人们在室内环境中能舒适地生活和活动，而整体考虑环境和用具的设施布置。室内设计的根本目的在于创造满足物质与精神两方面需要的空间环境。

❷ 艺术与科学结合

室内设计中高度重视科学性与艺术性，及其之间相互的结合。社会生活和科学技术的进步，人们价值观和审美观的改变，促使室内设计必须充分重视并积极运用当代科学技术的成果，包括新型材料、结构构成和施工工艺，以及为创造良好声、光、热环境的设施设备。

❸ 审美性

随着人们生活水平的提高，室内设计不仅要满足功能需求，还要满足人们的审美需求。

↑ 上图使用新型材料、施工工艺，并高度重视美学原理，重视创造具有表现力和感染力的室内空间形象。

❹ 以人为本

随着社会经济的发展，人们对自己生活质量提出越来越高的要求，每一代人都有新的要求，新的创造和新的享受，这样才推动了室内设计的发展。人与社会需求是社会发展的动力，所以人们无止境的追求成为室内设计不断更新的原动力。

↑ 上图所示的厨房作品中，充分考虑了使用者的身高尺度，依此来设计操作台面高度，突出了以人为本的设计原则。

任务二　掌握室内设计的风格特征

室内设计风格的形成，是不同的时代思潮和地区特点的体现，通过创作构思和表现逐渐发展成为具有代表性的室内设计形式。一种典型风格的形式，通常是和当地的人文因素与自然条件密切相关，又需有创作中的构思和造型的特点。

❶ 中国传统风格

中国传统的室内风格崇尚庄重和优雅，大量吸取了中国传统木构架，构筑室内藻井天棚、屏风、隔扇、挂落、雀替的构成和装饰，明、清家具造型和款式特征等，多采用对称的空间构图方式，笔彩庄重而简练，空间气氛宁静雅致且简朴。中国传统风格的室内设计突显了民族文化渊源的形象特点，并具有中国传统文化的特征。

↑ 上图茶楼设计图中，原木桌子和门板设计让古典气息流露，空间轴线的对位关系讲究对称和严整的立面处理。

❷ 现代风格

现代风格的室内设计是独具新意的简化装饰，设计简朴、通俗、清新，更接近人们的生活。其装饰特点是由曲线和非对称线条构成，线条有的柔美雅致，有的遒劲而富于节奏感，整个立体形式都是有条不紊地、有节奏地将曲线融为一体。现代风格会大量使用铁制构件，将玻璃、瓷砖等新工艺，以及铁艺制品、陶艺制品等形式综合运用于室内。还需注意室内外沟通，竭力给室内装饰艺术引入新意。

↑ 上图中白色最能表现现代风格的简约特点，该空间通过家具、吊顶、地面材料、陈列品甚至光线的变化来表达不同功能空间的划分，而且这种划分又随着不同的时间段表现出灵活性、兼容性和流动性。

3 后现代风格

后现代风格强调建筑及室内设计应具有历史的延续性，但又不拘泥于传统的逻辑思维方式，探索创新造型手法，讲究人情味，常在室内设置夸张、变形的柱式和断裂的拱券，或把古典构件的抽象形式以新的手法组合在一起，即采用非传统的混合、叠加、错位、裂变等手法和象征、隐喻等手段，以期创造一种融感性与理性、集传统与现代、糅大众与行家于一体的即"亦此亦彼"的室内环境。

↑ 上图中地毯和沙发的颜色相协调，营造出温暖的感觉，再利用白色的地毯和明亮的阳光消除深色带来的沉闷感，打造出明亮的视觉效果，这也是设计的重点所在。

4 欧式风格

欧式风格通常会给人豪华、大气、奢侈等感觉，罗马柱是欧式建筑及室内设计最显著的特点，墙面和天花的阴角线、腰线、拱形或尖肋拱以及壁炉也是欧式室内设计极具特色的表现手法。

↑ 上图中运用了大量线脚，门、门洞运用了拱券的形式，整个空间体现出奢华的欧式风格特色。

5 地中海风格

地中海风格通常会采用白灰泥墙、连续的拱廊与拱门，陶砖、海蓝色的屋瓦和门窗这几种元素。地中海风格的灵魂就是有几种典型的颜色搭配，如蓝色与白色、黄色的搭配，蓝紫色和绿色的搭配，土黄色与红褐色的搭配等。

↑ 上图是地中海设计风格，白灰泥墙、连续的拱廊与拱门、海蓝色的屋瓦和门窗，体现出海天一色、艳阳高照的纯美自然。

对比分析

居室内的环境不仅可以给人强烈的美感，往往还能通过体现某种风格，给人以强烈感染。室内设计的风格越明显，给人的视觉感受就越强烈，下面一起分析一下吧。

对比点2——
装饰品风格体现不明显
在中式的家装环境中，靠垫的色彩没有突出中式的特色，显得与整体环境格格不入。

对比点1——
电视柜没能体现中式特色
本空间风格是中式风格，搭配的电视柜没有体现这一特点，显得过于普通。

或许，这样设计更好……

解决1——
靠垫的色彩运用中国红，与靠垫的图案搭配一起，中式特色体现得淋漓尽致。

解决2——
电视柜两端采用中式回形符号，中式特色比较显著。

运用中国红体现中式特点

采用中式元素符号

配图参考

1.2 室内设计的基本程序

了解室内设计的基本程序，运用物质技术手段和建筑设计原理创造功能合理、舒适优美、满足人们物质和精神生活需求的室内环境。

学习情景	风格特征明显的空间设计作品
工作任务	任务一：方案前期准备 任务二：方案的分析与定位 任务三：方案设计与表达
任务导入	选用一个风格特征明显的室内设计作品作为学习情景，通过对该空间的分析，让学生了解室内设计的风格和特征。

学习情景：风格特征明显的空间设计

中式风格的室内设计，强调空间的整体性、风格的统一性，强调主人鲜明的"个性"特点，体现出时代、生态、环保、职能性，科技节能与艺术品质完美结合。

描述1
中式风格
以简洁明快的中式设计风格为主调。简约中求艺术，化繁为简，合理地简化居室空间设计，于简单舒适中体现生活的精致。

描述2
空间功能
在功能上，客厅是主人品味的象征，也是交友会客的场所，使人们在该空间中得到精神放松。从视觉到心灵给居者通达的感受。

描述3
色彩的搭配
在金色的壁纸和红木家具的搭配中适当添加其他色系，既能活跃室内气氛，又能突出中式风格的特色。

描述4
中式家具搭配
中式风格家具的选用，适合该空间，更突出了中式的气氛。

① 中式风格
② 空间功能
③ 色彩的搭配
④ 中式家具搭配

任务一　方案前期准备

1 与客户进行充分的沟通

充分了解客户对室内空间的使用要求，了解客户的审美倾向，了解客户的投资估算和投资定位。往往客户的投资估算和投资定位决定空间的服务对象和所需的设备和功能特性。对某些特殊处理要与客户达成共识。

↑ 上图所示卧室设计是跟客户充分沟通并了解了客户的审美倾向后，设计的简欧风格的设计。

2 了解客户需求

设计师应就方案设计前期准备所收集的信息进行列表分析，并抓住主要信息作为设计定位依据。结合客户要求和功能的内在联系分析空间功能关系，确定交通流线与空间分布。

3 空间使用人群分析

对室内空间使用人群分析，能进一步把握室内空间的功能特点、设计规模、等级标准、总造价，并能根据任务的使用性质分析所需创造的室内环境氛围、文化内涵或艺术风格等。

4 现场环境分析

设计师应对项目现场进行实地勘察，勘察的内容包括建筑环境的各个方面，并将实地勘察的情况详细地记录于原始建筑图中。记录下各窗户的外部环境，便于划分内部空间时考虑朝向、光照、通风和景观等因素。仔细考察建筑的结构，考虑将来装修结构的固定和连接方式。检查楼板和天花板是否裂缝或漏水，窗户的接合处是否紧密，窗户的开关是否顺畅等建筑质量方面的问题。如有问题，应记录好，提前告知客户，商讨解决方法。对一些较特殊的位置和结构进行现场装饰处理的构思。

↑ 上图中客厅设计，通过设计师对现场进行勘察，客厅有个柱子，在此处用花格作为隔断，把客厅空间进行有机的分隔。

> **知识扩展**　室内设计的项目实施程序是由以下几个步骤组成：设计任务书的制订、项目设计内容的社会调研、项目概念设计与专业协调、确定方案与施工图设计、材料选择与施工监理。

任务二　方案的分析与定位

对室内设计方案的分析，占用的时间和精力都是非常持久的，在每一项设计方案的分析过程中，总要受到外界不同信息的影响。

❶ 客户要求分析

充分了解客户对室内空间的使用要求。客户的使用要求将决定空间的性质，并产生相应的设计要求，了解客户的审美倾向。设计师在与客户交谈的过程中应了解用户的审美情趣，进而因势利导，影响和提高客户的审美倾向并了解客户的投资估算和投资定位。往往客户的投资估算和投资定位决定空间的服务对象和所需的设备及其性能特性。

↑ 上图根据客户的要求设计为敞开式厨房，增大了空间的使用面积。餐厅和厨房距离很近，颜色也比较统一。

❷ 空间环境分析

设计师应对项目现场进行实地勘察，勘察的内容包括建筑环境的各个方面，并将实地勘察的情况详细地记录于原始建筑图中。仔细考察建筑的结构，考虑将来装修结构的固定和连接方式，内部空间则考虑朝向、光照、通风和景观等因素。

↑ 通过对现场的勘察，了解设计时要注意建筑构件柱子的处理，在本设计中柱子色彩和材质与地面相呼应。

❸ 设计理念定位

合理的设计布局，合理的空间规划，可以使同样建筑面积的空间得到不同程度的利用。室内装饰就是要考虑最大化地利用空间，最合理地利用空间，使建筑在使用中能够满足各种功能要求，使用舒适并能达到美观的效果。

↑ 上图设计定位为现代简洁风格，最大限度地满足空间的功能需求，创造舒适宜人的空间环境。

任务三　方案设计与表达

设计方案经过细致构思以后，要通过表现力强、具有直观性的设计图示方式把信息传递给观者。它有利于表达设计方案，进而更深入地研究、调整设计方案，最终形成实施的设计方案。室内设计表现图从方法上采用手绘表现或电脑制作表现。

1 确定方案

经过海阔天空式的畅想、类比优选后，最终要将设计构思概念与空间的平面、里面结合，转化成一个可行的设计方案，进入到方案图表现阶段。一方面它是设计概念思维的进一步深化，另一方面，应就方案设计前期所收集的信息进行列表分析，并抓住主要信息作为设计定位依据。结合客户要求和功能的内在联系分析空间功能关系，确定交通流线与空间分布。

↑ 如上图所示办公室，图中内外空间结合简洁、明快，从外到里布局协调，使之更趋完善合理。

↑ 白色最能表现现代风格的简约特点，上图空间通过家具陈列品甚至光线的变化来表达不同功能空间的划分，而且这种划分又随着不同的时间段表现出灵活性、兼容性和流动性。

2 方案草图设计

室内的空间形象构思是体现审美意识，表达空间艺术创造的主要内容。概念设计阶段与平面功能布局设计是相辅相成的，在对方案进行全盘考虑后，将设计方案以方案草图的形式进行表现，以便于设计成员之间相互沟通。方案草图可以用功能分区图表现空间类型划分，用活动流线图表现空间组合方式，用透视图形式表现空间形态，并做好色彩配置方案。

了解室内设计 01

❸ 方案表现图

方案设计效果的表达是在方案草图的基础上进行整理和调整,将方案完整地用效果图的形式表现出来。绘制手绘效果图或电脑效果图,选择透视方式及视角,注意空间感、光影关系、氛围的表达与表现,做好色彩和质感的处理,细化饰品、植物的表现。

↑ 该客厅设计图,通过马克笔手绘的形式来体现整体设计的空间感及光影变化关系。

❹ 施工图

为施工现场提供依据,进入施工图纸的制作阶段,应完整地将设计施工图制作出来,在平面图、天花图、立面图的制作过程中注意调整尺度与形式,选择相应的装饰材料和施工工艺,着重考虑方案的实施性。装饰施工图就要按实际的尺度标注。

↑ 上图为设计施工图的平面图设计,尺寸标注详细,功能分区明确。

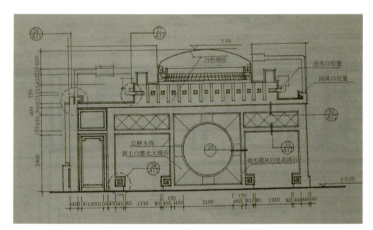

❺ 图纸审查

施工图纸制作完成后,由设计负责人从图纸的规范性和方案的实施性角度,对设计施工图进行审查和修改,发现问题及时调整。将所有设计图纸交付客户或设计招标评委组,在方案通过后与施工人员进行技术交流,进入装修施工阶段。在装修施工过程中,如有现场施工技术问题,设计师应到工地进行指导和协调。

↑ 施工图的设计尽可能的详尽,为施工提供重要依据。在图纸审查过程中如有漏洞及时更正。

知识扩展 进行室内设计须有一个设计的全局观念。细处着手进行设计时,必须根据室内的使用性质,深入调查、收集信息,掌握必要的资料和数据,包括最基本的人体尺度、人流动线、活动范围和特点、家具与设备等的尺寸和使用它们必需的空间等。

11

动手做

设计制作办公室方案图

本章学习了室内设计的基本程序，动手做模拟真实具体的公共空间装饰工程的方案图，强调空间尺度、规划、功能完整性。空间类型、主题与风格自定。

看看都经过哪些步骤？

气泡图

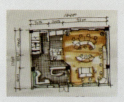
平面图

立面图

效果图

请试着这样做——室内设计是这样制作出来的

STEP 1

绘制一层气泡图

气泡图设计方法的应用十分广泛,它适用于所有形式的室内空间设计的初步设计。首先绘制一层气泡图。

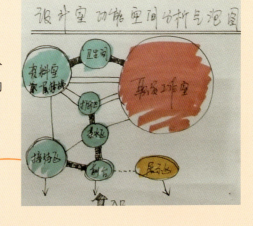

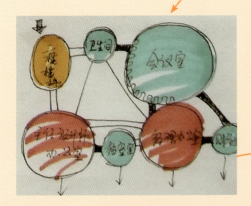

STEP 2

绘制二层气泡图

该办公空间,都是由自身各个组成部分的不同空间所组成。

STEP 3

绘制一层平面图

空间整体布局灵活,人员动线明晰,私密空间与共享空间合理布局,将空间极大地合理化,缩短交通路线,工作起来方便快捷。

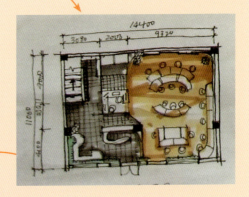

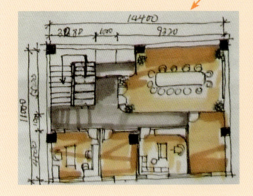

STEP 4

绘制二层平面图

辅助功能区以最短路线布局;私密空间与公共空间合理布局。

STEP 5
绘制立面图
立面图绘制，进一步把纸面图形设想转化成实物的材料和构造，同时把它们用合理、恰当的详图表达出来。

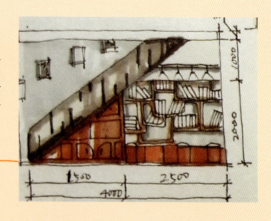

STEP 6
一层办公区草图
通过绘制办公区草图，在草图构思的基础上与业主交流沟通，不断修改、细化直至方案基本确定，便进入正图绘制阶段。

STEP 7
绘制办公区草图
通过草图的设计，构思为下一步确定方案打下良好的基础。

STEP 8
效果图
整个设计主题为《轴》，"轴"字在古书中译为地位，现代数学中用它作为各点位置的标准，体现该设计重视员工的心理感受，将现代与传统风格有机结合。

课后实践练习

欧式魅惑——三室两厅设计

（作者李寰宇、指导教师杨金花）

本案为146平三室两厅一卫一厨高层结构，在客厅与主卧的面积相对宽松的同时，其他空间面积相对紧凑，主要想营造一个高贵的空间感觉，给人一种华丽的视觉感受，为室内空间增加趣味。更加适合今天这个充满多种诱惑和无限创造可能的时代，人们追逐潮流和创造时尚的行为越来越多的是为了享受生活的乐趣。

POINT,01 人流走向图

人流走向图，通过人流走向图可以明晰地看到室内的布局。

POINT,02 气泡图

用气泡图来分析各空间的功能，主卧、厨房餐厅与客厅联系紧密。

POINT,03 平面图

平面图表明空间的布置。

POINT,04 天花图

天花图表示室内吊顶的做法。

课后实践练习

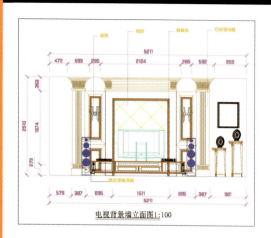
电视背景墙立面图1:100

设计风格

本次设计以"魅惑"为主题，使用大面积的壁纸进行装饰。由于在本套方案的混搭风格中是以欧式风格为主，所以它主要的陈设是走精美的空间线条，家具均为大方、简洁、舒适的风格。欧式沙发既是客厅中重要摆设也能起到区分功能区间的隔断作用。

POINT,01 卧室效果图

给人一种华丽典雅的感觉，营造舒适祥和的睡眠环境。

POINT,02 厨房效果图

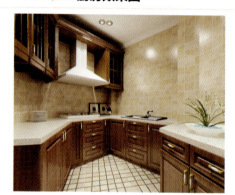

厨房的设计整体采用半开放式的设计，颜色主要采用了浅黄色瓷砖。

POINT,03 卫生间效果图

卫生间整体感觉明亮、素净。干湿区分区明确。

POINT,4 书房效果图

书房环境和家具颜色采用茶色为主，这有助于人的心境平和、气血通畅。

室内的空间与界面设计

◆ **分隔合理的空间形式**

创造一个适合人类生存的空间，是室内设计活动的主要目的和基本内容。

◆ **明确室内空间动线设计**

良好的动线设计有很好的诱导作用，避免产生死角浪费空间，动线设计对购物中心、大卖场及超市尤其重要。

◆ **掌握室内设计的基本元素**

利用室内设计各元素对所有存在的室内空间进行一种能够发挥各自作用的整体描述。

◆ **掌握室内设计界面的设计方法**

掌握室内设计空间组织和室内界面处理的一般方法，可以运用空间设计方法对室内空间设计进行功能分区。

2.1 室内空间的组成

一般室内空间是由面围合而成的,通常呈六面体形式,这六面体分别由棚面、地面和墙面组成。室内空间的构成形式多种多样,但人们若对形形色色复杂的建筑形态进行分解,则可得到点、线、面、体等构成要素。

学习情景	打造具有紧凑感的空间效果
工作任务	任务一:空间的组成 任务二:室内空间的分隔形式
任务导入	通过对该空间室内组成要素的了解,摸清室内的组成特点、空间的形状、大小的变化,应和相应的结构系统取得一致,打造具有紧凑感的空间效果。

学习情景:打造具有紧凑感的空间效果

室内空间基本是由基面、垂直面和顶面构成的围合空间。通过对这三个面的不同处理,能使室内环境产生多种变化,或使室内空间丰富多彩、层次分明,或使室内空间富有变化、重点突出。

描述1

室内的棚面

该空间天棚展现室内各部分的相互关系,使其层次分明,突出重点,能延伸和扩大空间感,对人的视觉起到导向作用。

描述2

室内的地面

室内地面对室内空间起到衬托的作用,该空间采用浅色的地砖,增强了空间感。

描述3

室内的墙面

墙是以垂直面的形式出现,是室内空间的侧界面。该空间墙面的装饰可以对家具和陈设物起到衬托作用。

描述4

室内的分隔

该空间的客厅和餐厅利用矮柜把两个区域分隔开,两个空间既有分隔又有联系,互通性较好,使整个环境紧凑而有互动。

❶ 室内的棚面
❷ 室内的地面
❸ 室内的墙面
❹ 室内的分隔

室内的空间与界面设计 02

任务一　空间的组成

1 空间与心理

人们的心理感受和空间感受是相对应的。在人们赖以生存和活动的空间环境中，人必然受到环境气氛的感染而产生种种审美和反应。

空间的形状基本取决于其平面。平面规整的，如正方形、正六角形、正八角形、圆形，令人感到形体明确并有一种向心感或放射感，安稳而无方向性。这类空间适于表达严肃、隆重等气氛，在空间序列中有停顿或结束的感觉，其上部覆盖形式可以是平的、球面的、角锥或圆锥体的等。矩形平面的空间，横向的有展示、迎接的感觉，纵向的一般具有导向性，其上部覆盖形式可以是平的，三角形的或拱形的。

⬆ 上图长方形的空间，由于空间狭长，引导顾客前行，有迎接的感觉。

空间的大小、高矮使心理产生不同的反应，大空间给人气魄、自由、舒展、开朗之感，过大则显得空旷，令人产生自身的渺小、孤独感；小空间给人亲切，围护感强，富于私密性，过小则会产生局促、憋闷之感；高的空间给人崇高、隆重、神圣、向上升腾之感，过高则与过大的弊端近似，甚至令人有恐惧感；低的空间给人舒适、安全之感，过低则会有压迫感。在设计时必须结合建筑的使用功能来确定空间的体量，从而产生特殊的氛围。

⬆ 上图保持空间的开阔性，并借助木制棚面来补足，实现了小夹层的感觉。虽然没有打断空间的连续性，但空间尺度低，有些压抑感。

空间的虚实对心理也会产生影响。实空间的特点是稳定感、安全感和封闭感，它是有限的、私密的，符合内向的、拒绝的心理性格，具有极强的领域感。虚空间其实就是人的心理空间，因此它是不稳定的、开放的、无限的空间，易使人产生极大的联想和发挥。

⬆ 上图展示空间通过展位划分出几个小空间，体现出虚空间的特点，是开放的、无限的空间。

19

❷ 室内空间的构成

一切空间都是由点、线、面组成的,从点开始,点与点连为线、线与线连接成面。点、线、面作为几何形要素是有形的,而围隔它们的是"无形"的内部空间。空间是由天、地、墙、柱等基本要素构造而成的,其关系是:基础为地,填充围隔形成墙,柱升梁,梁升板即构成天棚。由此来看构成空间最重要的建筑元素应该是柱与墙,因为是由它们来确定了地面和天棚。

⬆ 在空间构成上,墙面、地面、棚面有机组合在一起,设计时应注意空间关系以及各个界面的呼应关系。

❸ 空间设计的语言与方法

在室内设计中,掌握空间语言与方法技巧是非常重要的。室内设计作为建筑空间定义之后的工作,在筹划空间的功能布局、造型形式方面,需要设计师对建筑结构与围护体系形成的室内空间有所了解。基于以上了解,根据不同的对象条件有效地选择具体的设计方案,这就是空间语言的运用方法。

① 对称方式

对称方式是构造空间最常见的一种方式之一,其效果主要是利用轴线来分配空间面积。上下、左右对称,同形、同色、同质对称为绝对对称。而在室内设计中采用的是相对对称。对称给人以秩序、庄重、整齐的和谐之美。

⬆ 上图空间是KTV走廊的设计,设计采用对称的手法,这样的设计既保证空间面积能够合理地运用,又使人感觉空间的秩序感很强。

室内的空间与界面设计

↑ 在设计中，为保证观者有良好的视觉感受，因此在本图设计中背景墙形成了视觉的焦点。

② 室内视线

视线是丰富室内空间视觉感受的有效办法，室内前后、左右、上下的各种感受都必须依赖视线去获得，空间视线的寻找应该在设计平面时就开始寻找，视线是运动的直线，在无遮挡的情况下达到人眼所观察到的范围。

③ 室内落差

室内落差也是空间处理手法之一。落差是利用地面的高低来强调空间的区域关系，有效地利用落差可以使空间产生丰富、新奇的变化，给人一种心理层次变化的愉悦感，同时它也可以更好地使地面材质的界面自然分割。

↑ 上图室内空间形成了落差，与棚面的造型有较好的呼应，同时，通过利用地面高低差，对地面空间又进行了划分。

↑ 上图是一个洗浴中心的大堂设计，这种中界空间处理的手法，引用室外的设计元素，为进入另一个空间营造出气氛。

④ 中界空间的处理

室内空间有内外之分，这是一种相对的概念，但内与外或空间与空间之间在许多情况下不一定是非常确定的关系。因此这种不需要明确关系的中间内容，通常把它称为中界(灰空间)。中界空间的处理方法在现代空间设计中应用非常广泛，因为它能恰到好处地使空间与空间之间有一个合理的联系，另外它也为进入空间营造一个预先的氛围环境。所以，中界面空间处理方法是室内设计中不可缺少的手法之一。

任务二　室内空间的分隔形式

空间主要是通过分隔的方式来体现的，空间的分隔实质上是对空间的再限定。空间限定度，即是对声音、湿度、温度、视线等的隔离程度，往往决定空间与空间之间的联系，同时将对空间的形态产生重大的影响。

1 封闭式分隔

采用封闭式分隔的目的是为了对声音、视线、温度等因素进行隔离，形成独立的空间。这样相邻空间之间互不干扰，具有较好的私密性，但是流动性较差。一般利用现有的承重墙或现有的轻质隔墙隔离，多用于卡拉OK包厢、餐厅包厢及居住性建筑。

↑ 上图娱乐场所设计采用的是封闭式分隔，目的是保持隔音及良好的私密性，也避免干扰其他空间。

2 半开放式分隔

空间以隔屏，透空式的高柜、矮柜、不到顶的矮墙或透空式的墙面来分隔空间，其视线可相互透视，强调与相邻空间之间的连续性与流动性。

↑ 上图空间是利用屏风，将客厅和餐厅分隔开，两个空间既有流动性，又有分隔。

3 象征性分隔

空间以建筑物的梁柱、材质、色彩、绿化植物或地坪的高低差等因素来区分。其空间的分隔性不明确，视线上没有有形物的阻隔，但透过象征性的区隔，在心理层面上仍是区隔的两个空间。

↑ 上图室内利用柱子把会客空间和餐厅象征性分隔，虽没有明确的划分界限，但在心里感受上是两个空间。

室内的空间与界面设计 02

4 弹性分隔

两个空间之间的分隔方式居于开放式隔间与半开放式隔间之间，但在有特定目的的时候可利用暗拉门、拉门、活动帘、叠拉帘等方式分隔两空间。例如卧室兼起居或儿童游戏空间，当有访客时将卧室门关闭，可成为一个独立而又具有隐私性的空间。

↑ 上图展示空间中，运用半开放式，使空间具有弹性分隔的特征。

5 利用高差分隔

常用方法有两种，一是将室内地面局部提高；二是将室内地面局部降低。棚面高度的变化方式较多，可以使整个空间的高度增高或降低，也可以使在同一空间内通过看台、排台、悬板等方式将空间划分为上下两个空间层次，既可扩大实际空间领域，又丰富了室内空间的造型效果。多用于公共空间环境。

↑ 室内空间利用地台将会客区和休闲区分开，增加了空间的层次感。

6 利用建筑小品、灯具、软隔断分隔

通过喷泉、水池、花架等建筑小品对室内空间进行划分，不但保持了大空间的特性，而且这种方式既能活跃气氛，又能起到分隔空间的作用。利用灯具对空间进行划分，可通过吊挂式灯具或其他灯具的适当排列并布置相应的光照来实现。所谓的软隔断就是珠帘及特制的折叠连接帘，多用于住宅类、水面、工作室等起居室之间的分隔。

↑ 上图空间利用两种不同形式的吊灯将餐厅和客厅分开，还起到了丰富空间效果的作用。

2.2 室内空间动线设计

流畅、实用性强的室内空间动线是设计的重点。看似相同的空间结构，对人性化细节通盘考虑的差异，决定了动线的不同。同样的面积，开门方向的不同，直接影响动线和家具摆放，进而决定真正可使用面积，动线在设计中尤为重要。

学习情景	动线明晰的设计
工作任务	任务一：空间的流线设计 任务二：动线的布置方式
任务导入	选用该展示空间进行分析，让学生明白简单的动线处理过程，以最短的路径达到想要的效果，不但节省了空间，还给人们提供了方便、快捷的路径。

描述1
远观效果
本设计为展示空间设计，为了突出展品设计，方便参观人群，标识很清晰，从远处就能看到该展位。

描述2
动线设计
按照人的视觉习惯来设计的动线，顺时针陈列展品，方便参观与交流。

描述3
视线流动
视线的流动是反复多次的，它在视觉物象停留的时间越长，获得的信息量也越多。

描述4
空间的开放性
打破封闭的模式，开诚布公地将信息诉诸大众，以努力促进主客双方的沟通与意向的一致。

学习情景：动线明晰的设计

展示空间中人流量很大，需考虑总体平面空间面积的合理分配位置和确定具体的展示尺度。同时，要考虑观众流线、客流量、消防通道等因素，结合展示活动的性质特点来规划空间动线。

❶ 远观效果
❷ 动线设计
❸ 视线流动
❹ 空间的开放性

任务一　空间的流线设计

在空间规划设计中，各种流线的组织是很重要的。流线组织的好与坏，直接影响到各空间的使用质量。

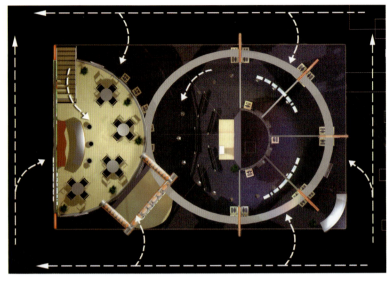

↑ 上图展示空间平面流线设计清晰，展厅四周流线循环，从各个角度都可以进入该展厅，方便顾客参观。

❶ 平面的组织流线

有的空间，特别是中小型空间，因其空间的使用性质较单一，人流的活动相对较为简单，因此人流活动的安排方式多采用平面的组织方式。以平面方式组织的展览路线简洁明了，一目了然，避免了不必要的上、下活动，使用起来亦是方便和合理的。

❷ 立体的组织流线

有些建筑空间由于功能要求比较复杂，仅依靠平面的方式不能完全解决流线组织的问题，还需要采用立体方式组织人流的活动。

↑ 上图空间中，由于平面人流很大，所以把洽谈区和休息区设置在二层，利用立体方式限制人流活动。

❸ 综合的组织流线

有的建筑空间，它们的流线组织往往需要用综合分析的方式才能解决。也就是说有的活动按平面方式安排，而有的活动需要按立体方式加以解决，因而形成了流线组织的综合关系。

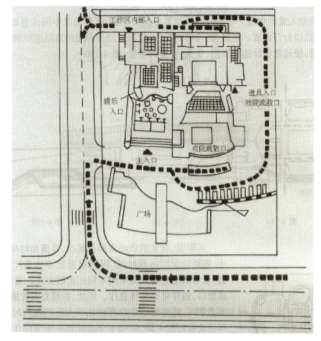

↑ 既要保证旅客有安静舒适的休息环境，又要具有供公共活动用的场所。因而上图电影院形成了流线组织的综合关系。

任务二　动线的布置方式

动线设计在空间中特别重要，如何让进到空间的人在移动时感到舒服、没有障碍物、不易迷路，在设计动线时空间的大小，包括平面面积和空间高度，空间相互之间的位置关系和高度关系等都是动线设计时应考虑的基本因素。

❶ 单一回环曲线

主动线回环曲折，串起所有节点和功能区的主线，同时设置一些主动线之间的捷径作为辅助动线，以商场为例，便于消费者临时离开和按照自己需要顺序安排购物路线。

↑ 上图空间为家具卖场，采用单一回环线路，保证顾客能参观到每一个角落。

❷ 放射状动线

以中心的广场或者中庭为核心，道路向四面放射布置，规模较大的，广场外围再设置环线。适合周围可以或必须开设较多出入口，内部核心有较强吸引力的项目。缺点是消费者较难设想出一个完整的不重复的线路逛遍全场，一般只会走完2条放射线。将人流汇聚到核心再导向不同分区固然可以提高效率，但同样各分区之间分享人流随机消费的效果不明显，各分区适合目的性较强的内容。

⬆ 上图大堂空间，人流的走向就是放射状布置，中庭为核心选择从各个方向走。

⬆ 树状动线要考虑总体平面空间面积的合理分配位置和确定具体的展示尺度。同时，要考虑观众流线、客流量，以中间为主分好几个枝条，形成树状的动线。

❸ 树状动线

一条主动线，可以曲折，沿途分出若干枝杈板块，枝杈板块中为环线或树状。消费者可以进入每个枝杈板块完成单项循环后回归主动线，前行进入下一枝杈板块。这种布局便于消费者理解和设计出最佳路线，但与放射状布局相似，由于消费者可以主动选择，各枝杈板块之间分享人流随机消费的效果不明显，适合规划互补型内容。

2.3 室内设计的基本元素

室内内部有其传统界定的基本元素,墙、柱、天花板、地板、门、窗、楼梯等,这些都是构成建筑空间的要素,也是联系外界的媒介。

学习情景	墙面的处理手法
工作任务	任务一:空间设计基本元素
任务导入	通过对墙面处理手法的讲解,让学生学会界面处理的基本方法,懂得界面处理在空间处理的重要性。

学习情景:墙面的处理手法

该空间是一个以西班牙特色元素融合空间造型的装饰,体现西班牙特色风情。墙面设计丰富,造型变化,赋予空间深刻的内涵。

描述1
彩绘玻璃造型窗
在一侧的墙面设有彩绘玻璃造型窗,体现典雅华丽,墙面具有凹凸变化,丰富了空间效果。

描述2
深色木饰面
整个空间墙面运用了深色木饰面,显得稳重、大气,比较适合西班牙风情。

描述3
软包造型墙面
金黄色的软包造型设计和对面墙面的彩绘玻璃有了很好的呼应,更能体现出典雅的氛围。

描述4
空间氛围
墙面的设计凸显了空间的氛围,棚面拱形天花造型喷金色,与地面形成了完美的呼应。

❶ 彩绘玻璃造型窗
❷ 深色木饰面
❸ 软包造型墙面
❹ 空间氛围

任务一　空间设计基本元素

❶ 天棚

天棚能反映空间的形状及其内在关系。对天棚进行合理的装饰处理，可以展现室内各部分的相互关系，使其层次分明，突出重点，能延伸和扩大空间感，对人的视觉起到导向作用。天花板的功能主要是对层面的遮盖，有一种心理上的保护作用。在现代建筑空间中它还有遮盖暗藏管线、支撑室内照明灯具等功能作用。

↑ 上图室内棚面设计考虑到空间的舒适要求，在保证足够的高度的同时，使用合适的色彩和材料，减轻自重，保证安全、牢固。

❷ 地面

地面作为室内空间的底界面，需要支撑家具、设备和人的活动，有一定的使用要求。但在地面装饰设计中，除首先满足人们使用功能上的要求外，同时还必须考虑对地面的色彩、图案、材料、质感的装饰处理，营造室内空间的艺术氛围，以满足人们在精神上的追求和享受，达到美观、舒适的效果。

↑ 上图通过不同图案以及材质，创造不相同的室内氛围，地面面积相对较大，在视觉上会改变室内空间的尺度、比例。

❸ 墙面

墙是建筑空间中的基本元素，有建筑构造的承重作用和建筑空间的围隔作用。与其他建筑元素不同，墙的功能很多，而且构成自由度大，可以有不同的形态，如直、弧、曲等，也可以由不同材料构成。从使用的角度看，对墙的装饰起到保护墙体、保证室内使用条件的作用。从美化的角度来讲，墙的装饰可以对家具和陈设物起到衬托作用。

↑ 上图使用暖色米黄壁纸，营造出亲切的氛围，有助室内空间功能的完善和室内情调与氛围的造就。

④ 柱

柱子在建筑中是垂直承重的重要构件，并以其明显的结构形态存在于建筑空间中。而当它与周围的功能需求相结合，使其成为其他功能构件的部分时，这种异化的过程实际是个视觉概念的转化，即柱子的概念转化为具有其他功能属性的形体概念。

↑ 该空间中柱子的设计，不但能起到支撑空间的作用，也起到分隔与美化空间的作用。

⑤ 隔断

为了实现各个空间的相互交流与共融，室内空间往往被赋予了多重功能。隔断不仅能区分空间的不同功能，还能增强空间的层次感。空间的分隔与联系，是室内空间环境设计的重要内容。分隔的方式决定了空间与空间的联系程度，分隔的方式则在满足不同空间功能要求的基础上决定。空间分隔的最终目的就是为了获得围与透的最佳组合。

↑ 上图空间隔断作为玄关和餐厅的划分，即起到了分隔作用，将空间分隔为两个不同区域。

⑥ 楼梯

楼梯作为建筑空间元素在建筑中的作用是垂直交通，它使人们从这一层上升或下降到另一层。楼梯的前身是扶梯，是两层之间最短的连接物，因为太陡而难以使用，所以现代的楼梯一般都具有良好的功能作用和合理的建筑素质。

↑ 上图娱乐空间采用直线型楼梯，安全、方便，楼梯底部用作装饰。

室内的空间与界面设计

对比分析

界面的处理影响到整个空间的效果，界面的色彩材质直接关系到空间的表现形式。下面我们一起分析一下吧！

对比点2——
没有突出柱面
界面转折没有区分，颜色单一。

对比点1——
界面混淆
把有色墙面和梁用一个颜色表达，分不清界面。

或许，这样设计更好……

解决1——
将梁底的色彩和整个空间的色彩统一，改成白色。

解决2——
将柱面的色彩运用黄色，使空间有跳跃感，界面关系很明晰。

改变梁底的色彩

变换柱面的色彩

配图参考

动手做

制作快捷酒店过厅

通过本章的学习后,大家对空间与界面想必有了一定的认识,下面我们将利用前面所学的有关知识及本章的知识相互结合进行空间界面的设计,加强对相关知识的理解。

看看都使用了哪些构成元素?

丰富的色彩搭配　　　大理石台阶　　　装饰的橱窗　　　服务台

请试着这样做——室内设计是这样制作出来的

STEP 1
建立起空间

按照平面图的尺寸，建立起空间，大体呈现室内空间效果。

STEP 2
对楼梯进行装饰

用大理石铺满楼梯台阶。

STEP 3
棚面吊顶木饰面

对棚面进行处理，棚面饰面使用木质吊顶。

STEP 4
添加灯具

添加棚面灯具，服务台上面添加筒灯，增强装饰效果。

STEP 5
对墙面进行装饰

墙面分两部分装饰，用大理石和墙面壁纸进行装饰。

STEP 6
墙面交接处理
为了保护墙体,墙面拐角处用木饰面进行处理,与棚面的材质相呼应。

STEP 8
添加台灯
服务台处添加台灯,增加空间气氛。

STEP 7
添加服务台
服务台位置合理利用了空间,功能性很强,也体现出快捷酒店过厅的特色。

STEP 9
添加墙面装饰画
根据墙面的位置,添加一个墙面的装饰画。

STEP 10
最后完成作品
各个界面空间处理比较得当,使得空间感极强,空间氛围较好。

室内的空间与界面设计　02

课后实践练习

简欧住宅空间设计

（作者邱秋红、指导教师徐俊杰）

本案简约的欧式住宅设计，融合了现代的设计元素在里面，使现代与欧式相互结合、相互交融，以简洁明快的设计风格为主调。简洁、实用、温馨、低调而又不失华贵是简欧风格的基本特点。简欧风格不仅注重居室空间的实用性，而且还体现出了现代社会生活的精致。

POINT,01　电视背景效果图

客厅地面采用地砖设计，配黑色的沙发和地毯，使得空间更加稳重。

POINT,02　入口处效果图

沙发背景墙设计采用壁纸，淡淡的花纹与欧式线条相吻合。

POINT,03　过厅处效果图

客厅和餐厅背景色彩和材质相呼应。

POINT,04　餐厅效果图

地面采用玻化砖，质感和室内环境呼应。

课后实践练习

馨居——欧式住宅设计
（作者李冬、指导教师赵肖）

本案所采用的是简欧设计，简约的设计风格才能缓解业主工作中匆匆忙忙的生活情感，将重点还原到最基本的人与人之间的情感交流。这正体现出了和谐、舒适是简约风格的最高境界。

POINT,01 客厅一角效果图

电视背景墙运用了欧式的线脚，温馨简约的现代风格得到很好的体现。

POINT,02 入口效果图

入口墙面共运用了3根古罗马柱的设计，点缀书房的气氛。

POINT,03 卫生间效果图

卫生间的墙面运用3花砖，整个房间的花纹显得富有节奏感和韵律。

POINT,04 书房效果图

该空间主要以暖色调为主，淡黄色的碎花壁纸显得温馨、浪漫。

Chapter 03

室内设计中的思维方法

◆ 思维导图的表达能力

掌握设计的图解方法及界面变幻,由此形成的新形态。

◆ 学会元素的提炼

将设计所用的元素从中加以提炼然后运用到设计中。

◆ 掌握主题的确立方法

培养主题及风格确定能力、设计联想能力、元素提炼设计能力。

◆ 主题与风格结合

把握设计的主题,将风格与主题进行融合,将提炼的元素与主题、风格、空间相结合。

8.1 室内空间设计的创新思维方法

室内空间设计融合了科学与艺术，其思维模式不仅能满足复杂的功能和审美需求，还能培养以感性思维作为主导模式的设计方法，以综合多元的思维渠道进入概念设计中，以图形分析的思维方式贯穿于设计的每个阶段，以对比优选的思维过程决定最终的设计结果。

学习情景	主题空间的设计
工作任务	任务一：了解设计思维方法
任务导入	选用一个室内设计作品作为学习情景，通过对该空间的分析，让读者了解设计的思维方法并明确主题设计的重要性，学会设计中要有明确的设计主题。

学习情景：主题空间的设计

灵活地捕捉生活中的各种信息，找出各种思维形式之间内在的必然联系，探索设计思维的客观规律，研究室内设计中的各种设计方法。

描述1
以仿生为主题
以仿生为主题的室内装饰方案，设计者期望借鉴大自然的夺天造化，营造出充满绿意的人居生活环境。

描述2
春意盎然的色彩
运用绿色使人在该空间中感觉无比清新，和室内的白色搭配显得更加典雅。

描述3
设计灵感
设计的灵感来源于蜂巢的几何形状，六边形极具稳定性，寓意着爱巢安全，不会被破坏。

描述4
简约创意风格
翠绿墙饰在纯白墙面上摇曳，暖暖的太阳光线从窗台涌入。整体格调清新自然，洋溢着一种现代简约的创意风格。

❶ 以仿生为主题
❷ 春意盎然的色彩
❸ 设计灵感
❹ 简约创意风格

任务一　了解设计思维方法

设计的构思是一种思维的活动，即一种打算、概念和想象。实际上"构思"是一种复杂的心理过程，由表及里的综合分析、比较，由抽象到具体的形象化过程。

❶ 定向设计法

是根据人们不同的需求特点，有的放矢地进行设计。公共空间设计一方面受环境空间的影响和约束，受该地区各种人文、地理等条件的限制，另一方面还受到空间性质不同的影响。根据各自具有的特点，进行针对性较强的设计，才能具有更强烈的使用价值。

⬆ 上图设计师根据业主的需求，在进行设计时着重运用了木质材料，使整个客厅空间和走廊、楼梯相呼应。

❷ 逆向设计法

逆向思维是一种反叛性的思维方法，在艺术设计过程中逆向思维法以有意识的、科学的、有目的的强制性的思维方式完成设计，通过逆向思维方法，将思维不停地从逆和反两个方向向上延伸，冲破传统习惯模式的禁锢。从批判否定的角度，打开创造性思维的大门，步入新的创造思维空间。

⬆ 如上图屋顶的横梁，按正向思维一般是用吊顶将其隐藏起来，以保证顶部的平整或便于顶界面的造型处理。但是，这个餐厅层高较矮，按正向思维为了遮挡管道而满吊顶时，就无法解决因净高过低而产生压抑感的矛盾。因此设计者使用逆向设计法，让管道大胆暴露出来，再用各种颜色加以强调，管道变成了室内有特色的设计要素。

❸ 仿生设计法

仿生形态设计是强调对生物外部形态特征的模仿设计，仿生设计的表面肌理与质感是通过模仿生物表面肌理与质感感觉而设计创造，增强仿生造型形态的功能意义和生命力。结构仿生设计是结合不同的造型设计、道具设计等元素进行模仿创新设计，使设计造型、结构、形态具有生命意义与自然美的特征。发现和归纳大自然生物所蕴涵的形式美感规律，为造型形态设计提供美学基础。

↑ 将自然界中独有的色彩、斑点、花纹运用在壁纸的设计中，已成为一种极具艺术感的时尚流派，豹纹、斑马纹表现出不羁与狂野，热带丛林印花营造湿润之美，配合恰当的软装饰品，效果夸张而浓烈。

↑ 上图空间中，家居的搭配采用中式家具，用传统的方法设计的客厅，使整体风格统一。

❹ 传统设计法

引用传统设计中优良的设计原理、结构、功能及形态等，创造新型的设计是极为重要的。我国是一个有着悠久历史的国家，有着极其丰富的传统文化，仅从我国造型艺术理论上分析，就具有许多精辟的理论观点。书法中所说的"方中寓圆、圆中寓方"，造园学中的"巧于因借，精在体宜"等观点均可用到室内设计中。

知识扩展 设计思维并不神秘，并非一刹那间的灵光乍现，而是设计师脑海中各种知识的阅历累积，是通过一系列看不见、摸不着的复杂而曲折的心理活动孕育出来的。

室内设计中的思维方法 03

❺ 图解设计法

感性的想象思维更多地依赖于人脑对于可视形象或图形的空间想象，设计者要建立科学的图形分析的思维方式，主要是借助各种工具绘制不同类型的形象图形，并对其进行设计分析的思维过程。养成图形分析的思维方式，在不断的图形绘制过程中又会触发新的灵感。

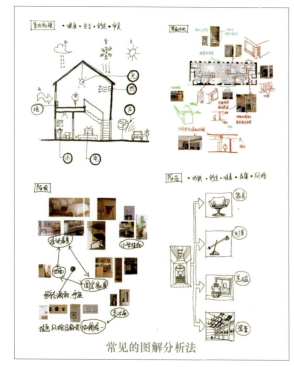

常见的图解分析法

↑ 上图是将设计风格与理念定位贯穿于方案设计之中，初步确定解决技术问题的方案。

❻ 借鉴设计法

也是移植设计法，指将某一领域成功的科技原理、方法、创造的成果等，应用于另一领域而产生新的技法，从而形成新的创意。科学的发展，促进了现代社会不同领域间科技的交叉渗透，并取得了突破性技术创新。例如在环境设施设计中借鉴了汽车流动性而设置"汽车流动厕所"、"汽车售货站"等；在室内设计中借鉴了植物的叶脉设计地毯。这种借鉴设计应从其他物件上引入某些设计因素，并加以再创造。

↑ 上图室内设计中地毯的设计借鉴植物叶脉形式进行肌理的处理，把叶脉的纹理进行放大，又经过归纳处理，最终形成地毯的图案。

3.2 室内空间设计主题形式的确定

在室内设计主题化的时代,人的构思、概念能够无限发挥,在设计过程中很多新鲜的思路都可以成为主题。也就是说主题的产生是千变万化的。

学习情景	主题空间的设计
工作任务	任务一:设计思维导图的表达
任务导入	选用一个以曲线为设计主题的空间形式来突出空间的特点,体现出现代的特点。此空间中采用了形同形势,让阳光倾泻而进,制造出舒适惬意的氛围。

描述1
主题明确
空间简洁大方,以曲线形式为主题,用不规则的曲线来完成室内设计的分布。

描述2
曲线的运用
阳光从大窗户照进来,客厅窗口的曲线设计保证了室内一二楼均能享受到良好的采光。

描述3
色彩的运用
采用白色和木色结合,使空间感更加通透,木色使室内显得很温馨,回归自然的感觉油然而生。

描述4
多种材料的运用
采用自然的色彩和具有光泽度的材料,包括镜子、大理石、花岗岩等,来凸显各部分的功能。

学习情景:主题空间的设计

这是一座位于波兰华沙的现代住宅,曲线化的设计非常独特。地面层的设计主要是作为一个开放式的休息区,在客厅宽敞明亮的气氛中,采用具有自然色彩和光泽度的材料进行装饰。

❶ 主题明确
❷ 曲线的运用
❸ 色彩的运用
❹ 多种材料的运用

室内设计中的思维方法 03

1 以色彩确定设计的主题

色彩表达是室内主题空间设计中最活跃、最直接的视觉要素，在视觉传达中有先声夺人的作用。一个成功的室内设计，往往建立在良好的色彩表达的基础上，因为色彩是营造室内氛围最重要的方式。室内主题空间色彩表达的主要任务就是结合主题进行室内空间的色彩设计。色彩在室内主题空间设计中最能激起人的注意，唤起人的某种情感。

↑ 上图空间为春季房展设计，设计者运用绿色为设计主题，打造春意盎然的空间效果。

2 用材料与肌理营造室内设计主题

肌理是材料表面的组织构成所产生的视觉感受。例如在餐饮环境中每种实体材料都有自身的肌理特征与性格，充分调动这种特性，可创造出新颖别致的主题效果。不同的材料可以代表不同的时代特征；不同的材料可以造就不同的空间样式；不同的材料可以营造不同的装饰风格。

↑ 上图餐厅空间运用了肌理效果很强的材质来表达设计的主题。

❸ 以光确定设计的主题

光可以说是一个较灵活及富有趣味的设计元素，可以成为气氛的催化剂，是室内的焦点及主题所在，也能加强现有装潢的层次感。运用光语言并发挥光元素的表现力，创造优美宜人的室内环境。室内空间的营造设计，在从布局、结构、色彩及材料入手之前，"光"这一先决条件便已存在。在每个内部空间形成的同时，随着光的作用，"影"也相对现于空间内部。

↑ 光之教堂，是日本最著名的建筑之一。它是日本建筑大师安藤忠雄的成名代表作，因其在教堂一面墙上开了一个十字形的洞而营造了特殊的光影效果。

❹ 以地域文化确定设计的主题

对民族性、地域性文化元素进行挖掘、分析、研究，其目的在于应用并通过设计语言将其转化为一定的形式，通过一定的手法表达出来。定位室内设计的主题，在对地域性文化有明晰的了解后，要消化吸收地域文化的精华部分，并在室内设计中灵活应用。其中包括物质的原形和精神的提炼，共同阐述设计理念。

↑ 苏州博物馆与苏州传统的城市肌理相融合，为粉墙黛瓦的江南建筑符号增加了新的内涵。新馆屋顶之上，立体几何形框体内的金字塔形玻璃天窗的设计，充满了智慧与情趣。

室内设计中的思维方法 03

5 以特定的环境为主题

在特定环境中的室内主题设计，让客人在用餐过程中同时感受到周围特别的情调与风景。如在设计主题酒店时突出特殊的地理环境，例如空中酒店、海底酒店、森林酒店等。还可通过特别的环境突出某种设计情调与氛围，例如复古酒店、怀旧酒店等。

⬆ 斐济海底酒店，以海洋特色为主题，突出酒店的经营特色。

6 以风格确定设计的主题

室内设计的风格是室内装修设计的灵魂，是设计的主旋律。以风格来确定设计的主题，影响主题风格的因素首先是它所服务的对象"人"，因为它的价值要通过人的使用和认可才能体现出来。其次设计主题及风格的表现依赖于室内的装饰设计。室内装饰设计的主要元素一般包括玄关、吊顶、影视墙、背景墙、地面、走廊或楼梯、室内家具和饰品等。

⬆ 上图是以中式风格设计的茶馆，选用木材作为主要装饰材料，并且搭配中式的家具饰品，整体设计用中式风格来体现设计的主题。

对比分析

该设计为了突出自然的主题风格,采用树形的墙纸来体现,现在我们一起来分析一下吧!

对比点2——

墙面色彩不协调

墙面颜色过轻,没有很好地体现设计主题。

对比点1——

地面与主题没有呼应

地面瓷砖和设计主题没有呼应。

或许,这样设计更好……

解决1——

将地面地砖用黑色石材做分隔处理,好似树的投影。

解决2——

将墙面的壁纸图案设计得更清晰,更能体现出是以"树"为主题。

加重中墙面色彩

地面加分格

配图参考

任务一　设计思维导图的表达

思维导图是人进行思考的导游图,是在头脑中进行信息相互组合的导向图。思维导图的绘制过程实际就是发散的思考过程,是围绕思考的核心问题将自己头脑中已有的知识和新的知识进行重新认知和组合的过程。

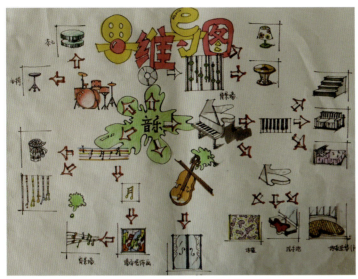

思维导图可以方便寻找相关的信息,寻找信息之间的联系点,然后由这个联系点不断向外扩展。扩大思考空间,产生出更多新的思维点,使思维进入无障碍思考状态。思维导图可以帮助我们表现出更多的创造力,并且节约时间,集中注意力,解决问题。可以对思想进行梳理,使之结构清晰,方便记忆,可以进行更高效、更快速的学习。

↑ 该思维导图以音乐为切入点,如其中一个分支,由音乐联想到钢琴,然后想到钢琴的黑白色的琴键,运用到设计中有楼梯、沙发、床。

以一个词或一个形态为主题或中心,利用发散思维将自己头脑中已有的知识和新的知识进行重新认知和组合,从任意角度捕捉灵感的火花,使原本孤立的信息形成一个完整的思维全景图。激活整个大脑,清晰地梳理大脑中零乱的想法,聚集主题。

↑ 该思维导图以春夏秋冬为设计的中心,来发散扩展思维,推导出符合设计的符号或者元素,来用到室内空间中。

动手做

积木的新表情

记得小时候玩的积木吗？简单的几个方块，在手中随意地组合成各种形体，形成了不同的空间体验，展现了儿时对未来的幻想与希望，这次又重拾童年的回忆与梦想，只是不再是简单的堆砌，而是空间的真实表达。

看看都使用了哪些构成元素？

床头背景

面化点图案

床的侧面

地毯图案

请试着这样做——室内设计是这样制作出来的

STEP 1
设计思维导图

用积木的几何形体做变形,来挖掘各种插接、拼合的方法。

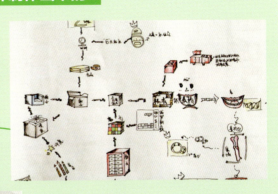

STEP 2
制作功能分析图

对室内空间进行研究,利用积木搭接的原理,来分析各功能空间的作用。

STEP 3
制作元素分析图

运用积木拉伸的原理设计的梳妆台等细节物品。

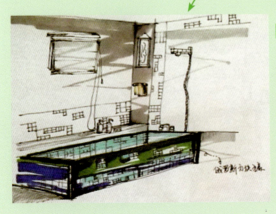

STEP 4
元素的运用

利用方块元素堆叠的方法,使设计风格简单、大方。

STEP 5
书房一角的设计

书房的设计，利用积木拉伸的原理设计的书桌、书柜。

STEP 6
床头的设计

床头的设计是由一个个盒子与空格组成，可以装一些小东西。

STEP 7
休闲空间的设计

休闲空间的一角，可以做学习桌，可以摆放电脑，也可以休息用，功能强大而实用。

STEP 8
卧室的设计

该卧室的设计，仍然运用积木堆叠的原理，床头设计收纳性极强。

课后实践练习

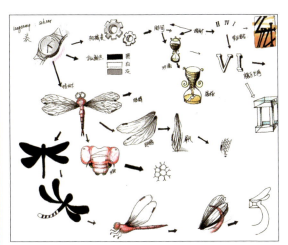

欧式魅惑——展厅设计
（作者沈松、指导教师宋雯）

该设计为手表的展厅设计。通过该思维导图的推导，此款机械表的设计是以振翅高飞为设计主题，充分展现此表的高贵精美，更表现了企业的发展力。

POINT,01 平面布置图

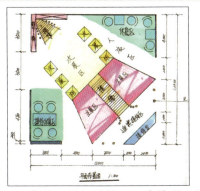

平面图布置，用色彩做了区分处理，详细讲解各部分的位置分配，简单明了。

POINT,02 人流走向图

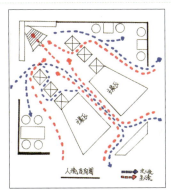

人流走向图，通过人流走向图可以明晰地看到整个展厅的布局。

POINT,03 装饰墙立面图

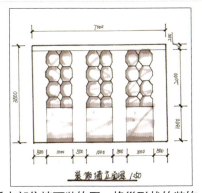

重点部位墙面装饰图，蜂巢形状的装饰。

POINT,04 接待台立面图

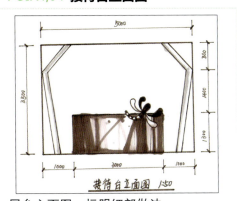

展台立面图，标明细部做法。

课后实践练习

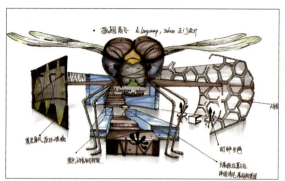

设计概述

表是时间的象征，所以在展柜设计上设计师便加入了独特的设计理念。例如沙漏的次展厅展柜，它代表了时间流逝的同时更体现了表经久耐用的特点，强烈的自然对比。该展厅的外观以振翅高飞的蜻蜓做仿生设计，色彩上更是以黑、白、灰色为色彩基调，彰显大气、成熟。

POINT,05 效果图

沙漏形的次展厅展柜。

POINT,06 效果图

陈列在展柜中的表。

POINT,07 效果图

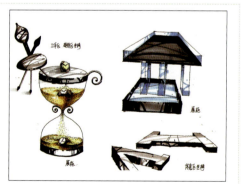

各种展柜，展台的形式。罗马文字推导而来。

POINT,08 展台构件图

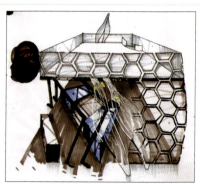

六边形的形状似蜂巢的形状，稳定性极强。

Chapter 04

室内空间设计原理

◆ **了解室内色彩的运用**

掌握色彩的基本原理,色彩的搭配方法;整体把握室内色彩构图,及运用色彩处理室内家具、陈设、织物、绿色花卉等关系的技能。

◆ **掌握材料的用法**

熟悉各类材料的审美价值与美学倾向,结合市场发展,掌握新材料应用和新工艺的能力。

◆ **掌握室内照明设计的规律**

掌握室内设计中光照的一般知识,并能按照光的规律进行设计。培养根据工程实际情况合理选择灯具的能力。

4.1 室内设计色彩的运用

色彩是室内设计中最为生动、活跃的因素，在室内设计中起着重要的作用，是室内设计中积极的、富有表现力的手段，具有很大的视觉影响力。

学习情景	具有鲜明色彩的设计
工作任务	任务一：色调在室内设计中的运用 任务二：色彩计划制订的原则
任务导入	选用色彩丰富的作品，通过图中多种色彩的运用，深入了解色彩在设计中的超强表现力，明白色彩在室内设计中的重要性，为了解色彩具体使用方法做好铺垫。

学习情景：具有鲜明色彩的设计

选用具有鲜明色彩的共享空间设计，突出色彩设计在室内设计中的重要作用。在设计中能把色彩因素精彩绝妙地加以利用，往往能达到出其不意的效果。

描述1

共享空间

它是处于大型公共建筑内的公共活动中心和交通枢纽。这类的空间保持区域界定的灵活性。

描述2

色彩的丰富性

丰富的色彩能使顾客得到足够的视觉刺激而会感到新奇，以此达到吸引顾客的目的。

描述3

色彩的统一

用多色统一画面，可以展示五彩斑斓的商品；用少色统一画面，会给人感觉单纯、高雅。

描述4

背景色

柱面及空间中大面积的白色，起到了很好的衬托作用。空间色彩给人的感受为现代、明亮、整洁。

❶ 共享空间
❷ 色彩的丰富性
❸ 色彩的统一
❹ 背景色

室内空间设计原理　04

任务一　色调在室内设计中的运用

色彩是表达室内体面造型美感的一种很重要的手段，运用恰当的色彩常常起到丰富造型、突出功能的作用，并能充分表达室内不同的气氛，也能体现居住者的情操。室内色彩的调配和居室块面上色彩的安排，具体表现在色调的运用上。

❶ 单色调

单调色搭配的空间很容易获得安静、安详的效果，并具有良好的空间感以及为室内的陈设提供良好的背景。单调色应特别注意通过明度及纯度的变化加强对比，并用不同的质地、图案及家具的形状来丰富整个室内。单色调应适当加入黑白无彩色系作为必要的调剂。

↑ 上图大堂采用单色调设计，给人安静、安详的感觉，并具有良好的空间感，同时也为室内的陈设提供良好的背景。

❷ 相似色调

相似色调是最容易运用的一种色彩方案，也是目前最大众化和深受人们喜爱的一种色调，这种方案只使用两三种在色环上互相接近的颜色，如黄、橙、橙红，蓝、蓝紫、紫等，所以十分和谐。相似色同样也很宁静、清新，这些颜色也由于它们在明度和饱和度上的变化而显得丰富。一般说来，需要结合无彩体系，才能加强其明度和饱和度的表现力。

↑ 上图整个空间以不同明度的褐色和黄色为主色调，这些色彩在色环中位置很接近，所以十分和谐，使整个空间很宁静、清新。

❸ 互补色调

互补色调或称对比色调，是运用了色环上相对位置的色彩，如青与橙、红与绿、黄与紫，其中一个为原色，另一个为二次色。过强的对比有使人震撼的效果，可以用明度的变化而加以"软化"，同时强烈的色彩也可以减低其饱和度，使其变灰而获得平静的效果。

分离互补色调采用的是对比色中一色的相邻两色，可以组成三个颜色的对比色调，获得有趣的组合。互补色(对比色)，双方都有强烈表现自己的倾向，用得不当，可能会削弱其表现力，而采用分离互补，如红与黄绿和蓝绿，就能加强红色的表现力，也可获得理想的效果。

双重互补色调有两组对比色同时运用，采用四个颜色，可以通过一定的技巧进行组合尝试，使其达到多样化的效果。

⬆ 上图中使用红色与绿色对比色，其中红色应始终保持被支配地位，而绿色保持原有的吸引力。过强的对比可以用明度的改变加以软化，使其变灰而获得平静的效果。

❹ 无彩色调

由无彩色系黑、白、灰组成的色调，称为无彩色调。无彩色调是一种非常高贵吸引人的色调，采用无彩色调有利于突出周围环境的表现力。完全无彩色建立的彩色系统非常平静，但由于黑与白的对比非常强烈，用量要适度。在某些系列中，可以加入一种或几种纯度较高的色彩，如黄、绿、红等，这种单色调的性质不同。因无彩色系占支配地位，彩色只起到点缀作用。

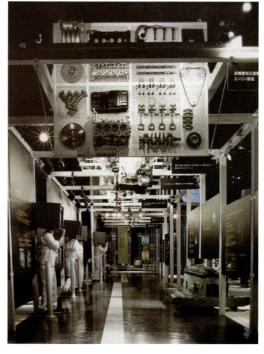

⬆ 上图在黑白的对比中将无彩色演绎得很出色，深浅交织的无彩色图案叠加，更能描绘丰富的层次感。无彩色调是一种非常高贵吸引人的色调，采用无彩色调有利于突出周围环境的表现力。

任务二 色彩计划制订的原则

整体把握室内色彩构成及运用色彩处理室内家具、陈设、织物、绿色花卉等关系的技巧，以发挥色彩在室内设计中的创意功能。

↑ 室内色彩的起伏变化，应形成一定的韵律和节奏感，注重色彩的规律性。上图体现了海的设计主题，以蓝色代表海洋的色彩。

❶ 突出主题

色彩给人的感受是极强的，不同的色彩和色彩组合都会给人带来不同的感受，也体现了不同的设计主题。根据色调作为风格设计主线，然后围绕这个主线，来选择和搭配是个不错的装修色彩搭配策略。不同的颜色会对人们的情绪和心理产生不同的影响。

❷ 整体统一

在室内设计中色彩的和谐性就如同音乐的节奏与和声，各种色彩相互作用于空间中，和谐与对比是最根本的关系，如何恰如其分地处理这种关系是创造室内空间气氛的关键。掌握配色的原理，协调与对比的关系尤为重要。

↑ 通过色彩的重复、呼应、联系，可以加强色彩的韵律感和丰富感，使室内色彩达到多样统一。

↑ 上图室内空间的色彩丰富而鲜亮，作为点缀色，彩色的陈设品起到画龙点睛的作用。

❸ 要满足室内空间的功能需求

不同的空间有着不同的使用功能，色彩的设计也要随着功能的差异而做相应变化。室内空间可以利用色彩的明暗度来创造气氛。使用高明度色彩可获得光彩夺目的室内空间气氛。使用低明度的色彩和较暗的灯光来装饰，则给人一种"隐私性"和温馨之感。纯度较高、鲜艳的色彩则可获得一种欢快、活泼与愉快的空间气氛。使用纯度较低的各种色彩可以获得一种安静、柔和、舒适的空间气氛。

④ 力求符合空间构图需要

室内色彩配置必须符合空间构图原则，充分发挥室内色彩对空间的美化作用，正确处理协调和对比、统一与变化、主体与背景的关系。

↑ 色彩的运用丰富了室内构图，上图客厅的色彩以反映热情好客的暖色调为基调，并可有较大的色彩跳跃和强烈的对比，突出各个重点装饰部位。

在室内色彩设计时，首先要定好空间色彩的主色调。色彩的主色调在室内气氛中起主导和润色、陪衬、烘托的作用。形成室内色彩主色调的因素很多，主要有室内色彩的明度、色度、纯度和对比度，其次要处理好统一与变化的关系。有统一而无变化，达不到美的效果，因此，要求在统一的基础上求变化，这样，容易取得良好的效果。为了取得统一又有变化的效果，大面积的色块不宜采用过分鲜艳的色彩，小面积的色块可适当提高色彩的明度和纯度。

⑤ 将自然色彩融入室内空间

自然的色彩引进室内，在室内创造自然色彩的气氛，可有效地加深人与自然的亲密关系。自然界草地、树木、花草、水池、石头等是装饰点缀室内装饰色彩的一个重要元素，这些自然物的色彩极为丰富，可让人产生轻松愉快的联想，并将人带入一种轻松自然的空间之中，同时也可让内外空间相融。

↑ 让大自然的色彩融入生活，仿佛把窗外的风景也引进了室内。在所有色彩里，绿色植物最让人放松，绿色也是很环保的颜色。

> **知识扩展** 色彩影响人的视觉效果，暖色调为扩张色，冷色调为收缩色。所以，面积小的房间地面要选择暗色调的冷色，使人产生面积扩大的感觉。如果选用色彩明亮的暖色地板就会使空间显得更狭窄，增加了压抑感。

室内空间设计原理

对比分析

室内色彩搭配的好与坏，直接影响整个装修效果。不同的颜色被人赋予了不同的含义，所以在搭配上一定要选择适合的、和谐的。下面我们一起分析一下吧。

对比点2——
沙发色彩与空间不搭配
沙发的色彩引起乏味感。

对比点1——
墙面颜色处理不当
墙面的颜色与空间色彩不协调。

或许，这样设计更好……

解决1——
墙面色彩采用红色，体现出热情的空间氛围。

解决2——
将沙发搭配成素雅的白色，使整个空间干净、利落。

改变墙面的色彩

变换沙发色彩

配图参考

4.2 室内设计材料的运用

室内设计的目的是创造更好、更优质的空间环境,这也是材料应用最大的目标。材料的应用是手段,不是空间的主角,用最合理材料结合其他设计元素,营造令人满意的空间美感,是室内设计的一个重要原则。

学习情景	体现材料质感的室内设计作品
工作任务	任务一：装饰材料质感的组合 任务二：材料在室内设计创新中的应用方法 任务三：室内设计材料选用的原则
任务导入	选择运用丰富材料的室内空间作为学习情景,通过室内材质的运用,深入了解室内材料的搭配方法,为我们掌握材料的使用方法提供依据。

学习情景：体现材料质感的室内设计作品

掌握各种材料的特性,借助艺术审美对材料进行合理搭配,并考虑到施工过程中材料的功能特征,精于选材,这样的设计才具有可行性和美观性。

描述1

使用乳胶漆

安全环保施工方便,流平性好,平整光滑、质感细腻,具有丝绸光泽、高遮盖力是乳胶漆的特性。

描述2

空间氛围

通过几种材料的综合运用,打造温馨、大气的客厅空间环境,来体现材料的材质美。

描述3

室内织物的选择

客厅长条形的窗户,搭配上轻薄的纱帘,能最大程度地透射自然光线,明亮空间。

描述4

多种材料的搭配

不同材料、不同肌理的对比表现,增强了材料在表现中的感染力,更符合现代人的审美要求。

❶ 使用乳胶漆
❷ 空间氛围
❸ 室内织物的选择
❹ 多种材料的搭配

任务一 装饰材料质感的组合

要营造具有特色的、艺术性强、个性化的空间环境，往往需要若干种不同材料组合起来进行装饰，把材料本身具有的质地美和肌理美充分地展现出来。材料质感的具体体现是室内环境各界面上相同或不同的材料组合。

① 同一材质感的组合

如采用同一木材面板装饰墙面或家具，可以采用对缝、拼角、压线手法，通过肌理的横直纹理设置、纹理的走向、肌理的微差、凹凸变化来实现组合构成关系。

↑ 同种材料的木质，都具有亲切、柔和、温暖、传统、韵味。

② 相似质感材料的组合

相似质感的材料在室内设计中运用十分广泛，如同属木质质感的桃木、梨木、柏木，因生长的地域、年轮周期的不同，而形成纹理的差异。这些相似肌理的材料组合，在环境效果上能起到中介和过渡作用。

↑ 天然石材都具有粗犷的表面和多变的层状结构，通过研磨等手段处理后表面的各种天然纹理呈现出来，给人大气、硬朗的感觉。

③ 对比质感的组合

几种质感差异较大的材料组合，会得到不同的空间效果。将木材与人工材料组合应用，则会在强烈的对比中充满现代气息，如木地板与素混凝土墙面，或与金属、玻璃隔断的组合，就属此类。体现材料的材质美，除了以材料对比组合手法来实现外，同时运用平面与立体、大与小、粗与细、横与直、藏与露等设计技巧，能产生相互烘托的作用。

↑ 不同材料、不同肌理的对比表现，增强了材料在表现中的感染力，更符合现代人的审美要求。

任务二　材料在室内设计创新中的应用方法

装饰材料的选择，蕴含着设计师的情感和创造力，装饰材料独具特色的应用则让一个空间充满无穷的魅力和无穷的生命力。因此，装饰材料是室内设计创新的重要突破口，设计师应该充分把握，从而创造出各具特色、令人感叹的空间作品。

↑ 上图咖啡厅的墙面没有处理光滑，而是运用粗糙的红砖来烘托咖啡厅的气氛。

❶ 逆向而行

装饰材料都有其独特的优点和缺点，通常情况下，设计师都是选择材料的优点进行强调。室内设计中要想获得创新的效果，逆向而行不失为一个好的方法。例如，很多设计师在选择木材作为主要装饰材料的时候，往往都选择其优美的纹理，而对于虫蛀或有疤的地方予以去除。然而，在一个摇滚主题酒吧里，设计师全部选用的具有虫蛀或疤节的木料，既充分利用了材料，又充分表现了摇滚乐对传统的反叛，充满了别致的美。

❷ 旧材新用

波普艺术家特别钟爱现成品的使用。在室内设计创新中，对现成品尤其是废弃材料的使用可以获得丰富的艺术感受和审美体验。比如用废弃的数千个酒瓶构成了充满节奏感和韵律感的背景墙，体现了酒吧的特性，也产生了强烈的视觉冲击力，可以说是既环保又具特色的装饰材料。

↑ 本酒吧设计图中，墙面放置一个废旧的摩托车来充满空间，赋予空间的节奏感。

❸ 功能置换

每一种装饰材料都有一定的功能使用要求，但是，这个要求是可以改变的。在室内设计创新中，可以对装饰材料的功能进行置换利用。如在咖啡厅设计中，将地板的材质转换为覆盖了玻璃的灯具，可以塑造一个有错位感的独特空间。

↑ 这个书房空间中，门口没有用常规的木质包边，而是选择瓷砖做口的处理，塑造了一种有错位感的独特空间。

任务三　室内设计材料选用的原则

室内陈设品根据室内环境的特征、功能需求、审美要求、使用对象要求、工艺特点等要素，能体现一定的文化内涵与装饰风格的室内空间，以满足人们对工作、休闲娱乐与居住空间的物质需求与精神需求。

1 适合室内使用空间的功能性质

对于不同功能性质的室内空间，需要由相应类别的装饰材料来营造室内的环境氛围，例如文教、办公空间宁静、严肃的气氛；娱乐场所欢乐、愉悦的气氛等，这些气氛的营造，与所选材料的色彩、质地、光泽、纹理等密切相关。

↑ 上图棚面的材料是木质搓色上木蜡油，非常适合餐厅的氛围，也很适合中式风格。

2 适合室内装饰的相应部位

不同的建筑部位，相应地对装饰材料的物理、化学性能乃至观感等方面的要求也各有不同。如室内房间的踢脚部位，由于需要考虑其与地面清洁工具、家具、器物底脚碰撞，因此通常需要选用有一定强度、硬质且易于清洁的装饰材料，常用的粉刷、涂料、墙纸或织物软包等墙面装饰材料，最好不要直落地面。

↑ 上图设计中运用马赛克，适应拐角处水池，考虑易清洁。

3 调节室内环境的色调营造情趣

由于现代室内设计具有动态发展的特点，需要更新且追求时尚，原有的装饰材料需要由无污染、质地和性能更好的、更为新颖美观的装饰材制来取代。界面装饰材料的选用，还应注意"精心设计、巧于用材、优材精用、一般材质新用"等原则。

↑ 上图空间运用木质、涂料、石材来营造餐厅的环境氛围。

4.8 室内设计照明的运用

灯光是营造室内气氛的魔术师，它不但能使室内气氛格外温馨，还有增加空间层次、增强室内装饰艺术效果和增添生活情趣等功能。在室内空间的光环境设计中，室内照明设计有其独特之处，人们通常都希望在室内照明中塑造出个性化的效果。

学习情景	舒适的光照作品
工作任务	任务一：室内的采光方式 任务二：照明设计的基本原则 任务三：照明与空间的完美结合
任务导入	选用室内客厅设计作为学习情景，通过客厅灯光的运用，深入了解照明设计的特点，为掌握室内照明的使用方法做好铺垫。

学习情景：舒适的光照作品

对于采光的要求必须具有灵活、变化的余地，要使用弹性较大的采光方式。用于客厅的灯源有很多种，有普照式灯源、辅助式灯源及重点式照明，可依使用功能而加以变换。

描述1
主照明灯具
吊灯作为主照明灯具，主要考虑灯具的形态、材质、色彩与空间装饰效果的和谐。

描述2
灯具的装饰性
吊灯的玻璃材质，玲珑剔透为空间增添了新的审美体验。装点了空间，渲染了气氛。

描述3
辅助照明
筒灯射灯分布在顶棚周边，在墙面产生光晕，起到丰富视觉效果的作用。

描述4
灯光的层次
该空间运用三种灯具，层次化的灯光设计有利于空间进深感的体现和视觉效果的丰富。

① 主照明灯具
② 灯具的装饰性
③ 辅助照明
④ 灯光的层次

室内空间设计原理

任务一 室内的采光方式

室内的使用功能不同，采光方式的要求也不同。对空间的功能性质定位，对空间的功能分区和具体使用要求进行分析，然后根据需要照度的不同，来选择不同的采光方式。

❶ 自然采光

太阳光是取之不尽的，太阳光无时无刻不在改变之中，并将变化的天空色彩、光层和气候传送到它所照亮的表面和形体上去。白天太阳光作为室内采光，通过窗户进入房间，投落在房间的地面上，使色彩增辉、质感明朗。由太阳光而产生的光影图案变化使房间的空间活跃，清晰明朗地表达了室内的形体。光和影，对于家居装饰有润色作用，使室内充盈艺术韵味和生活情趣。

⬆ 上图利用自然光照明，既节约人工照明用电，又保护环境。客厅和起居室的自然采光宜充足，尤其是谈话区应尽量安排在采光良好的窗前。

❷ 基础照明

为照亮整个空间而采用的照明方式，一般照明是通过若干灯具在顶面均匀布置实现的，而且在同一视场内采用的灯具种类较少。均匀的排布和同一光线，可以为空间内提供全面的、基本的照明，重点在于能与重点照明的亮度有适当的比例，给室内形成一种格调，基础照明是最基本的照明方式。基础照明方式均匀的照明度使空间显得稳重、平静，尤其对于形式规整的空间来说，更具有扩大空间的效果。

⬆ 上图通过筒灯把整个餐厅照亮，给餐厅室内形成一种格调，灯具排布有自然、安定之美。在餐厅灯光控制上，根据时段或工作需要确定开启数量，有利于降低能耗。

❸ 重点照明

强化突出的光线。重点照明采用精心布置的较为集中的光束照射某件物体、艺术品、盆景或某些建筑细部结构，主要目的是取得艺术效果。重点照明的设计常常使观赏者觉得光线是不太亮的光源提供的，比如蜡烛或墙上的吊灯。嵌入式可调节照明装置、跟踪照明设备或可移动照明装置都可以提供重点照明的光线。

⬆ 上图对主要对象进行的重点投光，目的在于增强顾客对商品的注意力，使用强光来加强装饰品表面的光泽，强调装饰品形象。灯光的效果使装饰品充满了活力，达到令人愉悦的装饰效果。

❹ 装饰照明

为了对室内进行装饰、增加空间层次、营造环境气氛，常使用装饰照明，一般使用装饰吊灯、壁灯、挂灯等图案形式统一的系列灯具，能更好地表现具有强烈个性的空间艺术。值得注意的是装饰照明只是以装饰为目的的独立照明，不兼做基本照明或重点照明。

⬆ 上图墙角处地灯，起装饰照明的作用，为了调节客厅的气氛，本图中将点、线、面光源结合，利用实施感的对比，不仅产生灵动之美，同时也具有和谐的效果。

> **知识扩展** 不同的灯光可以营造出不同的氛围。即使是台灯经过精心布置，它所产生的投影效果和情调也会有很多变化。轻薄透明的纸质灯罩，透出的光线射向四周，显得柔和、飘渺；而那些不太透光的灯罩会将光线向下聚拢，产生各种不同的效果。

任务二　照明设计的基本原则

室内照明设计是室内装饰设计中的重要部分，光是表达空间形态、营造环境气氛的基本元素，室内照明有助于丰富空间，形成一定的环境气氛。照明可以增加空间的层次和深度，光与影的变化使静止的空间生动起来，能够创造出美的意境和氛围。

1　实用性

室内照明设计首先应该满足该空间的使用要求，这是第一位的。应根据室内活动的特征整体考虑光源、光质特征、投射方向和角度，使室内的使用性质、活动特征、空间造型、色彩陈设等与之相统一、协调，以取得较好的整体环境效果。

↑ 上图客厅灯光的运用采用吊灯照明，筒灯作为辅助照明，体现出照明实用性的特点。

2　舒适性

室内照明设计时要以良好的照明质量给人们心理和生理上带来舒适感。要求保证室内有合适的照度，以利于室内活动的开展。同时，要以和谐、稳定、柔和的光质给人以轻松感，要创造出生动的室内情调和气氛，使人得到心理上的愉悦。

↑ 上图为会议室设计，棚面上舒适柔和的光源，有利于参会人员的交流。

3　安全性

室内照明设计在满足实用与舒适要求的同时应保证照明的安全性，防止发生漏电、触电、短路、火灾等意外事件。电路和配电方式的选择及插座、开关的位置等，都应符合用电的安全标准，并采取可靠的用电安全措施。

↑ 室内空间照明形式很多，但采用分控开光控制，需要的时候再打开，既节约能源又安全。

任务三　照明与空间的完美结合

室内设计照明对室内空间进行调整与完善，有极其重要的作用，照明能塑造具有审美趣味的环境氛围，满足人们的心理需求。

1 以照明组织增强空间的功能感

对于室内空间，根据使用审美要求，要对空间功能性质进行区别定位，并采取相应的空间措施，如对主次空间、流通空间的公用性与私密性，过渡空间等方面的界定和组织。不同效果的照明可以对上述空间组织起到辅助作用，增强空间的功能感。

↑ 灯具的布置形式形成空间的序列感，产生导向作用，既有利于空间序列的体现，也可以使人产生快速通过的激情。

2 利用光效果体现空间形态

在空间组织中经常会用到一些特殊的手法，使空间具备一定的形态特征，把握合理的照明设计是室内空间形态的必要补充。

↑ 上图空间的照明设计以整体空间的功能需求为基调，对子空间的照明适度体现。

3 利用灯光改善空间

室内空间可能存在面积过小、空间三度比例异常、建筑构件体量过大、建筑构件位置影响视觉效果等一系列问题。可以通过各种装饰处理手段予以缓解甚至消除，灯光效果是有效手段之一。在室内空间的形式、三维尺度、构架状况，室内物体的形状、尺度、表面材质属性等因素确定的情况下，光源的位置、照度的设置、光线的强度等要素的不同组合和搭配，会使空间产生不同的观感效果，这正是利用灯光改善室内空间不利效果的具体方法。

↑ 上图顶棚的明亮形成空间的上升感，当这种空间跨度较大时，照明设计只可采用提高顶棚照明度的方法。

室内空间设计原理 04

对比分析

作为照亮整个空间的环境灯光,需要考虑灯光的照度、色彩的表达性与装饰性,以及装饰光的数量。下面我们一起分析一下吧。

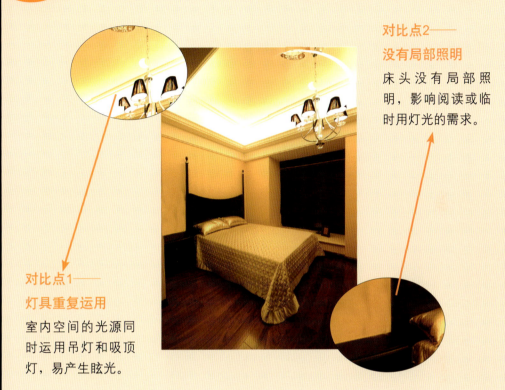

对比点1——
灯具重复运用
室内空间的光源同时运用吊灯和吸顶灯,易产生眩光。

对比点2——
没有局部照明
床头没有局部照明,影响阅读或临时用灯光的需求。

或许,这样设计更好……

解决1——
将重复的灯具去掉,用小吊灯来照亮室内空间。

解决2——
将床头柜上加台灯,增加室内的气氛。

去掉重复灯具

添加台灯

配图参考

动手做 制作客厅效果图

通过室内设计原理的学习，培养学生独立完成各类空间室内设计的色彩、材料、照明的运用能力，加强对相关知识的理解。

看看都使用了哪些构成元素？

电视背景

色彩绚丽的装饰画

沙发

电视柜

请试着这样做——室内设计是这样制作出来的

STEP 1
建立客厅的框架

建立起餐厅的大体框架，地面、墙面及吊棚

STEP 2
制作地面

制作踢脚线和添加地面材料。

STEP 3
制作电视背景

制作电视背景的一部分。石膏板开槽。

STEP 4
制作电视背景

电视背景贴黑色壁纸，起到很好的衬托作用。

STEP 5
导入电视柜
导入电视及电视柜,调节灯带的色彩。

STEP 6
添加陈设
添加色彩丰富的装饰画及花瓶活跃空间气氛。

STEP 7
添加家具
导入沙发、茶几,使空间更加完善。

STEP 8
最后完成作品
导入地毯、吊灯,调节空间的整体氛围。

课后实践练习

生活想象——跃层空间设计
（作者李胜男、指导教师李卓）

本设计为跃层空间设计，需考虑一层和二层之间的联系。一层空间色彩协调，采用几何造型，造型比较独特，有的空间打破常规概念，色彩运用也比较大胆。

POINT,01 客厅效果图

以白色调为主，增加空间的想象力。

POINT,02 餐厅效果图

餐厅一角搭配色彩浓烈的装饰画。

POINT,03 主卧室效果图

主卧室和主卧卫生间设有不规则的开洞口。

POINT,04 卫生间效果图

卫生间上墙砖和下墙砖色彩变化又统一。

课后实践练习

设计特色

设计中采用几何造型，突出现代的设计理念。沙发背景采用方形做凹凸处理，与沙发处的隔断造型呼应。设计中用色大胆，搭配合理。

POINT.05 二层卧室效果图

电视背景墙采用木条和淡黄色进行装饰，与空间的其他地方在色彩上相互协调。

POINT.06 二层厨房效果图

厨房的设计整体采用开放式的，使整体空间增大。

POINT.07 二层厨房效果图

厨房瓷砖采用方形，用不同颜色跳跃处理。

POINT.08 一层餐厅效果图

餐厅处通往二层楼梯，楼梯的墙面做彩绘花处理，使空间生动。

Chapter 05

室内软装饰设计

◆ 了解陈设在室内设计中的作用

使学生了解陈设设计与室内设计的关系，了解家具、绿化等在室内空间的作用，并具备一定的应用能力。

◆ 软装饰的选择搭配能力

能够进行空间各界面、家具、陈设、灯具、绿化、织物的选择，并进行合理的搭配。

◆ 掌握陈设设计与空间的协调方法

讲解室内陈设和室内空间的整体协调关系及常用的设计方法，使学生掌握陈设的构思方法、造型特点、合理布局、色彩搭配、整体设计的基本原则。

5.1 家具在室内设计中的配置

家具不仅为我们的生活带来便利，同时还为室内空间带来视觉上的美感和触觉上的舒适感。也就是说一件好的、完美的家具，不仅要具备完善的使用功能，还要最大程度地满足人们的精神需求。

学习情景	利用家具来分隔空间
工作任务	任务一：室内家具的选择 任务二：家具在室内环境中的作用 任务三：家具布置的基本方法
任务导入	本设计主要阐述家具在室内空间中扮演重要角色，家具除起到功能性作用外，还能起到分隔空间的作用。

描述1
家具风格统一
室内的客厅与开放式餐厅的家具都是现代风格，这与室内的简约风格相符合。

描述2
系列家具
系列家具要素要统一，该空间选择白色家具，家具的风格、颜色、形态一致。

描述3
与室内空间的搭配
家具与室内空间的搭配，符合现代风格的特点，简洁、大方。家具与灯具和室内装饰品搭配也比较协调。

描述4
家具分隔空间的作用
利用家具来分隔客厅和餐厅空间，使两个空间很明显地分隔开，空间的通透性很强。

学习情景：利用家具来分隔空间

用家具来分隔空间是最容易实现的，而且可改变的余地也很大，非常适合用在空间较大的房子里，不论是用沙发、地毯、书架还是屏风，都很容易达到象征分割空间的效果。

❶ 家具风格统一
❷ 系列家具
❸ 与室内空间的搭配
❹ 家具分隔空间的作用

任务一　室内家具的选择

家具，是室内陈设的重要组成部分，使用率极高，也是影响室内整体效果的主要因素之一。室内为家具的设计、陈设提供了一个限定的空间，家具设计就是在这个限定的空间中，以人为本，去合理组织安排室内空间的设计。

↑ 上图家具材料选用及搭配、结构方式、色彩及涂装效果的统一都体现出了整体感，对整个空间设计风格具有统领的作用。

1 家具选择方法

家具的选择一般要根据室内面积大小、使用功能、美观效果的要求来决定。首先，选择家具时要着眼于整体环境的需要，把家具当成整体环境的一部分，家具的多少与大小应从房间的使用及面积大小来确定。要注意家具的风格和自己的爱好。不同的材质、结构、造型、色彩等因素形成的成套家具放在一定的环境中都有其独特的风格。

2 家具选择依据

要求每件家具的主要特征和工艺处理一致。如腿部造型、抽屉、柜门拉手等呈现相对一致的造型和处理手法，从而使不同家具具有形象因素的共性，成为一套家具。一套家具的漆色必须一致。油漆面要求色泽丰润，清新悦目，漆膜应该平、光、手感好，不沾手，无发泡、起皱、无疵点和着色深浅不一等现象。更要强调合理性、一致性。要有一种整体感。

↑ 上图依据空间的大小来选用家具，整个家具的色彩和地板的颜色协调一致。家具放置比较合理，靠近窗户，光线明亮，适合于看书写字，以放写字台、书架为好。

任务二 家具在室内环境中的作用

家具既以满足生活需要为目的，又以追求视觉表现为理想和以形式创造为主要特征。家具在室内设计中占有十分重要的地位，它在很大程度上能够实现室内空间的再创造。通过家具的不同组合和设计，创造出全新的室内空间感受。

1 分隔空间

室内空间的创造往往会根据人们功能上的需要来设计，空间中的开、合、通、断都可以通过家具的设置实现。利用家具进行空间分隔是传统室内环境设计中常用的手法，具有很大的灵活性和可控性，可以极大地提高空间的利用率和使用质量。人们只有在与自己身体比例协调、具有私密性、安定性的空间内，才能真正意识到自我的存在，并感到舒适安逸。

↑ 上图茶艺馆空间采用通透的设计手法，整个空间的分区是利用家具来完成的，整个空间家具为木质的，材料比较统一，使整个空间既有分隔又有联系。

2 组织空间

建筑室内为家具的设计、陈设提供了一个限定的空间，家具设计就是在这个限定的空间中，以人为本，去合理组织安排室内空间的设计。在建筑室内空间中，人从事的工作、生活方式是多样的，不同的家具组合，可以组成不同的空间。

↑ 上图利用家具来组织空间，客厅位置利用沙发、茶几、电视柜组成会客区和视听区。

知识扩展 家具的组合至关重要，直接影响室内的区域划分是否合理、人流通道能否畅通、布局会不会活泼有趣、格调是否简洁、大方、高雅。

3 整理空间

↑ 在一个物品很多且很小的空间里,可以选择收纳型的家具把物品有序地放起来,这个时候家具起的作用就是整理空间的作用。

室内设计在完成之后,家具就成为室内环境功能的主要构成因素和体现者。家具在室内总是按照它的功能特性占据一定的空间,它对室内空间必然产生这样或那样的影响。而有些家具的产生其本意就是为了整理空间。我国传统文化对室内空间的影响也是匠心独运的,在房间的边角、座椅的外侧经常采用"借景"的手法设置花架、山水,使空间得到充分利用,也使室内显得充实且富有生机。

4 丰富空间

在室内空间中,家具是除了地面之外与人接触最为密切的一种介质。光应付生活对于家具来说是远远不够的,它除了最基本的实用功能,还具有审美的情趣,它还是对空间的点缀和自我个性的张扬,在使用它的过程中,其功能尺度和质感应让人心满意足,而当它单独存在的时候,艺术风格则马上显现在空间中,散发强烈的存在感,这点也是现代家具设计努力追求和寻求突破的重要方面。

↑ 上图电视背景墙及室内家具设计相协调,既有效地利用了空间,也丰富了室内的视觉效果。该设计合理、高效、有序地安排有限的室内空间,也极大地丰富了室内的空间。

知识扩展 系列家具产品在视觉上应具有明显的风格特征,产品风格是文化、时代、技术、艺术、社会、人文、观念等多种因素相结合的统一体,同时也是设计定位的视觉化体现。

任务三　家具布置的基本方法

在家具具体布置时，首先要看房间的形状和大小，以及室内的通风和自然采光条件，行路和活动的需要，因地制宜。

① 风格统一

家具最好选择风格统一的系列家具，以达到家具的大小、颜色、风格和谐统一，以及线条的优美，造型的美观。家具与其他设备及装饰物也应风格统一，有机地结合在一起。如窗帘、灯罩、床罩、台布等装饰物的用料、式样、图案、颜色也应与家具及设备相呼应。如果组合不好，即使是高档家具也会显不出特色，失去应有的光彩。

↑ 上图办公室家具有统一艺术风格和整体韵味，家具搭配颜色、式样的格调较为一致的，力求形成统一的风格。

② 色彩协调

室内家具与墙壁、屋顶、饰物的色彩要调和，室内与室外的色彩也要调和。色彩的搭配应使人感到愉快，一般以浅色淡色为宜，尽可能不要超过两种颜色。如果墙壁是浅色调，家具最好也是浅色的，床罩、窗帘最好也选用淡雅、明快的图案，这样看起来比较舒服。

↑ 上图客厅设计借助自然光，给人以温暖的感觉，家具的色彩和墙面、棚面的色彩相协调。椅子和靠垫的红色又与墙面的背景红色呼应。

❸ 布局合理

摆放家具，要考虑室内人流路线，使人的出入活动快捷方便，不能曲折迂回，更不能造成使用家具的不方便。摆放时还要考虑采光、通风等因素，不要影响光线的照入和空气流通。

⬆ 上图设计为一小型办公空间的设计。空间不是很大但却又要满足各部分基本功能，所以空间的有效利用就显得十分重要了。在空间分隔上几乎没有采用墙体，而是更多地采用了书架或玻璃的软隔断，目的是使光线能更好地照射，在视觉上扩大空间。

⬆ 上图客厅空间家具的排列整齐一致，形成直线的变化，使人感觉居室典雅、沉稳；该空间欧式家具的选择与布置与整体环境协调一致，体现这个空间的内涵、魅力。

❹ 摆放均衡

家具摆放，最好做到均衡对称。如床的两边摆放同样规格的床头柜，茶几两边摆放同样大小的沙发等，以求得协调和舒畅。当然也可以做到高低配合、错落有致，给人动感和变化的感觉。

要尽可能做到家具的高低相接、大小相配。还要在平淡的角落和地方配置装饰用的花卉、盆景、字画和装饰物。这样既可弥补布置上的缺陷和平淡，又可增加居室的温馨和审美情趣。

> **知识扩展**　实木家具是把木材经过锯、刨等削切加工，高档实木家具还要经过浮雕、透雕的艺术装饰加工，采用各种榫卯框架结构制成的家具，实木家具最能表现传统家具独具匠心、工艺精湛和材质肌理美的特色。

5.2 室内装饰艺术品配型与设计

室内陈设品的内容丰富。从广义上讲，室内空间中，除了围护空间的建筑界面以及建筑构件外，一切实用或非实用的可供观赏和陈列的物品，都可以作为室内陈设品。

学习情景	色彩丰富的室内陈设品
工作任务	任务一：室内陈设品的作用 任务二：室内陈设品的陈设方式
任务导入	通过该图色彩丰富的陈设品，表达人们的情趣爱好，起到陶冶情操和心境的作用，对深入了解陈设品在室内空间的作用具有深刻的意义。

学习情景：色彩丰富的室内陈设品

室内的陈设品表现室内环境的风格、特征以及历史、民族、区域的文化内涵，可以调节室内色彩、尺度，使室内空间层次更为丰富、生动。

描述1

陈设品的作用

该客厅中的陈设品格调高雅、造型优美，具有一定文化内涵的陈设品使人怡情悦目，陶冶情操。

描述2

陈设品的色彩

为了协调室内暖色调，陈设的色彩选用与之呼应的色彩，也可以用布置面积很小的纯色，起到活跃空间气氛的作用。

描述3

空间色彩的统一搭配

该空间的背景色和陈设色彩层次分明，色调统一。

描述4

空间氛围的营造

室内的装饰画、花摆、绿色植物都为烘托空间典雅的氛围起到了重要的作用。

❶ 陈设品的作用
❷ 陈设品的色彩
❸ 空间色彩的统一搭配
❹ 空间氛围的营造

任务一　室内陈设品的作用

室内陈设品根据室内环境的特征、功能需求、审美要求、使用对象要求、工艺特点等要素，能体现一定的文化内涵与装饰风格的室内空间，以满足人们对工作、休闲娱乐与居住空间的物质需求与精神需求。

⬆ 上图空间中陈设品以其与室内相呼应的色彩、生动的形态、无限的趣味，有效地改善室内的空间形态。

❶ 改善柔化空间的形态

装饰设计中大多以刻板的线条、生硬的界面构成单调冷漠的空间形态，混凝土、金属玻璃材料的大量应用也使长期生存在其中的人们感到枯燥、厌倦。丰富多彩的室内陈设以其绚丽的色彩、生动的形态、无限的趣味，给室内空间带来一派生机，有效地改善了室内的空间形态，柔化了空间感觉，冲淡了工业文明带来的冷酷感，能给人们以情感的抚慰。

❷ 强化室内空间的风格

室内空间有各种不同的风格，陈设品的合理选择和布置，对于室内空间风格的形成具有非常积极的影响。因为陈设品的造型、色彩、质感等都具有明显的风格特征，能够突出和强调室内空间的风格。

⬆ 上图设计中的陈设品，能够突出和强调室内空间的风格，它的色彩、质感都具有明显的风格特征。

⬆ 对上图空间陈设品的选择更是明显地表现出酒吧的个性，来营造出酒吧温馨浪漫的情调。

❸ 调节室内环境的色调营造情趣

陈设品可以有效地调节室内环境色调，这是因为在室内环境中陈设品大多占有较大的空间，所以它是室内环境色调构成的重要因素。在室内环境中布置出造型优美、格调高雅、工艺精致，特别是具有文化内涵的陈设品，可以营造出不同情趣的室内环境。陈设设计能反映设计者或业主的审美取向。

任务二　室内陈设品的陈设方式

室内三大界面是陈设用品展示的主要区域，按空间从上到下的顺序，陈设方式可归纳为空中吊挂陈设、壁面装饰陈设、橱架展示陈设、台面摆放陈设和地面布置陈设五大类。

⬆ 上图空中吊挂线帘，质地轻盈，增强空间层次感，起到了丰富空间的作用。

❶ 空中吊挂陈设

空中吊挂陈设在室内环境中应用很广泛，只要是从顶棚向下垂吊，没有落地连接，具有装饰意味的用品均属此类，如造型各异、风格迥然的吊灯，质地轻盈、色彩丰富的织物，回归自然、绿色永驻的植物，金光闪闪、几何抽象的金属挂件等都可起到丰富室内空间、增强空间层次感的作用。

❷ 壁面装饰陈设

以墙面为陈设背景，如绘画、书法、摄影、装饰画、民间工艺品、服饰、编织物，与室内风格、其他装饰品、家具的协调一致，就可令陈设品与室内空间环境之间建立起彼此烘托、难以割舍的亲密关系，共同创造出美好的室内氛围。

❸ 橱架展示陈设

橱架展示陈设一般多采用壁架、隔墙式橱架、书架、书橱、陈列橱等多种形式，对书籍、古董、工艺品、纪念品等用品进行展示。

⬆ 上图墙面上的装饰画，既增强了室内的装饰气氛，又丰富了空间效果。

❹ 台面摆放陈设

台面摆放陈设包括餐桌、茶几、写字台、床头柜、化妆台、矮柜、窗台、壁炉的陈设物布置。可根据不同台面的要求，对烛台、电话、茶具等应用器物及雕刻、插花、瓷盘等艺术品的摆放。

❺ 地面布置陈设

坐落于地面上的陈设装饰品依照艺术规律进行地面布置，在井然的次序中寻求适当变化，成为室内装饰中的亮点。

⬆ 上图台面上摆设的陈设品丰富了室内空间，在卧室中显得温馨浪漫。

室内软装饰设计 05

对比分析

室内陈设是室内设计的重要组成部分，它对于营造室内气氛、柔化空间、调节环境色彩以及丰富空间层次等方面有着至关重要的作用。下面一起分析一下。

对比点2——
缺少装饰品
茶几上除了茶碗，没有其他的装饰品。

对比点1——
背景墙没装饰
沙发背景墙面大面积使用木质材料，没起到背景的装饰作用。

或许，这样设计更好……

解决1——
将客厅背景放置壁画，更符合中式特色，突出该客厅的特点。

解决2——
在茶几上摆设齐全的装饰品，突出室内空间的特色。

背景装饰壁画

茶几摆放装饰品

配图参考

85

5.3 室内装饰织物设计

室内装饰织物作为室内创造宜人环境和表现设计风格的重要陈设品,因其贴近人体、易于更换和时尚美观的特性受到人们的青睐。作为室内设计的一个重要部分,装饰织物的图案、色彩、造型和质地需要与室内设计风格相协调。

学习情景	织物在室内空间的重要角色
工作任务	任务一:室内装饰织物的配套设计
任务导入	选用卧室进行设计,通过室内窗帘、床上用品的运用,明白装饰织物配套设计的重要性,为我们了解室内装饰织物设计做好铺垫。

学习情景:织物在室内空间的重要角色

装饰织物在室内设计中具有极其重要的作用,结合色彩的调配作用,可构成一种统一、协调的室内空间。

描述1
窗帘
利用窗帘可调节室内光线,根据需要选择采光或遮光。同时它又是不可或缺的装饰品,令室内空间温馨浪漫。

描述2
床上用品
床上用品与周围环境的相互搭配是非常重要的,该卧室的床上用品、地毯和沙发相协调,舒适、大方。

描述3
色彩的统一搭配
室内的大多数色彩由织物的色彩组成,织物的色彩是室内主要色彩。

描述4
设计效果
通过软装饰织物的合理运用,结合室内的色彩、灯光,更能体现出卧室温馨、浪漫的氛围。

❶ 窗帘
❷ 床上用品
❸ 色彩的统一搭配
❹ 设计效果

任务一　室内装饰织物的配套设计

卧室是人们疲惫时的避风港，也是心灵的最终归宿，如果能巧妙选择适当的床上用品，则能为卧室的舒适、温馨大大加分。

1 床上用品的搭配

床上用品的搭配最主要的就是颜色的搭配，一般来说，色彩的色调分成暖色调、冷色调与中性色调。暖色调将温暖感注入身心，燃起欢快的情感，如玛瑙红、玖红、鲜红、山楂色、咖啡色等。冷色调，如纯白、银灰、轻微蓝、湛蓝、深蓝、宝蓝色等，会使你联想到明净的蓝天，纯洁的浮云，深邃的宇宙，清澈的溪水，宁静致远。中性色调色彩，如秋葵黄、浅水绿、嫩黄等颜色传递了平和欢愉的情思，淡泊明志，祥和如意。

↑ 上图配上浅绿色的床上用品，给人感觉春意盎然。绿色能有助于安神，使人精神松弛，舒缓紧张情绪。

↑ 上图床上用品颜色与室内色彩相协调，能够给人舒服的感觉，本设计采用淡雅的同色系颜色，能给人一种干净的感觉。

床上用品的搭配还要根据卧室的装修风格来确定，如果卧室装修得比较时尚、新颖，那么床上用品最好使用比较有特点而且要有时尚气息的。床上用品是用于居室环境中，是整体、和谐的环境中的突出点，所以必须考虑与房间环境的协调性及房间功能的特殊性。

❷ 窗帘的搭配

窗帘具有遮挡和调节光线、室内温度、阻挡视线等作用。窗帘有悬挂和收折方式，因其款式纹样的多样性，及它一般有较大的空间尺度，在室内的应用上必须引起足够的重视。

用于窗帘的织物种类有很多，如丝绸、棉麻、灯芯绒、竹帘及人造织物的尼龙、纤维织物、聚酯、合成树脂等，各自有不同性质的特点。纱帘，质地轻薄、柔软、手感顺滑，可形成飘逸的室内气氛；绸帘，有良好的坠性，可较好地遮挡光线与视线，增加私密性，并且花色品种较多，适应各种悬挂方式；厚型尼龙帘，遮光、保温、隔音性能最好，可以提供更私密的环境；尼龙帘在视感上有厚重感，可营造出华丽、富贵的室内气氛。

↑ 上图空间窗帘的颜色与室内墙面、地板和家具的整体色彩相匹配。打褶有一种动态变化的韵律美，双层的窗帘内外效果都别有一番韵味。

❸ 地毯的搭配

地毯的铺设应与室内空间、家具、陈设物之间建立联系，做整体的有机配置。如房间的地面面积相对较大，地毯就要在色彩、图案和质地上多加考虑。色彩上，暖色地毯有温暖感，房间易显得小，冷色地毯有安静感，房间则易显得宽敞；在图案上，织有图案的地毯精致、华贵，且大图案尤其引人注目，应考虑一定的比例和尺度关系。

↑ 上图空间设计中地毯的肌理和沙发背景的肌理相互协调，地毯铺设的方向是向着阳光的方向。地毯选择重色调，对室内空间的色彩有很好的调节作用。

室内软装饰设计

对比分析

装饰织物是室内空间设计中不可缺少的重要组成部分，它具有广泛的实用功能和良好的装饰效果。它既给人们提供了舒适实用的生活环境，又给人们精神生活带来美的享受。装饰织物在室内空间设计中发挥着重要意义。

对比点2——

地毯用色不当

地毯用色与床上用品颜色重复，导致界面层次不清。质感太硬。

对比点1——

色彩重复，不能突出织物的特点。

四个白色的靠垫，色彩重复，与床单色彩没有呼应。

或许，这样设计更好……

解决1——

将靠垫的色彩与床单色彩调整一致，色彩的呼应性较好，陈设效果好。

解决2——

将地毯换成白色，颜色有对比区分，层次感分明。地毯的质感换成软毛地毯，突出卧室温馨浪漫的氛围。

巧妙改变靠垫的颜色

变换地毯的色彩和质感

配图参考

5.4 室内绿化设计

室内绿化是室内设计的一部分，与室内设计紧密相联。它主要利用花卉、植物，并结合室内设计、园林设计的手段和方法组织、完善和美化室内空间。

学习情景	净化空气的绿色植物
工作任务	任务一：绿化的作用 任务二：室内绿化的布置方式
任务导入	选用室内餐厅中摆放的绿色植物，对餐厅气氛的烘托起到很好的作用，通过该作品的分析，能更好地认识室内绿化的功效。

学习情景：净化空气的绿色植物

室内绿化可以增加室内的自然气氛，是室内装饰美化的重要手段。室内的绿化装饰越来越引起人们的重视。

① 绿化作用
② 植物功效
③ 植物的姿态
④ 植物与空间主题协调

描述1
绿化作用
本餐厅室内光线不是很足，选用淡绿色植物，以便取得理想的衬托效果。

描述2
植物功效
让绿色调节视力，缓和疲劳，起到镇静悦目的功效，以摆设清秀典雅的绿色植物为主。

描述3
植物的姿态
在进行室内绿化装饰时，要依据各种植物的各自姿色形态，选择合适的摆设形式和位置。

描述4
植物与空间主题协调
餐厅是家人或宾客用膳或聚会的场所，装饰时应以甜美、洁净为主题，该空间摆放色彩明快的室内观叶植物。

任务一　绿化的作用

室内绿化是指在人为控制的室内空间环境中，科学地、艺术地将自然界的植物、山水等有关素材引入室内，创造出既充满自然风情和美感，又满足人们生理和心理需要的空间环境。

1 净化空气、调节气候

植物通过光合作用可以吸收二氧化碳，释放氧气，而人在呼吸进程中吸入氧气，呼出二氧化碳，从而使大气中氧和二氧化碳达到平衡，同时通过植物的叶子吸热和水分蒸发可降低气温，在不同季节可相对调节室内温度。在夏季可起到遮阳隔热的作用，在冬季可起到挡风御寒的作用。此外，某些植物可吸收有害气体，它们的分泌物可杀灭细菌，从而净化空气，减少空气中的含菌量，同时，植物又能吸附大气中的尘埃，使环境得以净化。

↑ 绿色植物在室内空间中调节空间的气氛，吸附大气中的尘埃，从而使环境得以净化。

2 组织空间、引导空间

对于重要的部位，如正对出入口，起到屏风作用的绿化植物，还需做重点处理，分隔的方式大都采用地面分隔方式，如有条件，也可采用悬垂植物由上而下进行空间分隔。还可利用绿化的延伸联系室内外空间，起到过渡和渗透作用，通过连续的绿化布置，强化室内外空间的联系和统一。

↑ 上图绿色植物在室内把餐厅和厨房分隔开，起到分隔空间的作用。

3 柔化空间、增添生气

树木花卉以其千姿百态的自然姿态、五彩缤纷的色彩、柔软飘逸的神态、生机勃勃的生命，恰巧和冷漠、刻板的金属、玻璃制品及僵硬的建筑几何形体和线条形成强烈的对比。

↑ 上图绿色枝叶装饰着并改变了室内空间形态，大片的宽叶植物在墙隅、沙发一角，改变着家具设备的轮廓线，从而使人工的几何形体的室内空间得到一定的柔化和生气。

任务二　室内绿化的布置方式

↑ 上图绿色植物整齐排列的布置方式，在"绿叶陈设"大型餐饮空间环境中分隔空间，形成领域感。

❶ 线状布置

整齐地排列成线的一种放置形式，其特点是可以均匀整齐地围边，做隔断和构成图案。如过道的两边用盆栽做线状围边；餐厅内屏风式的花架做线形分隔；用吊兰悬吊在空中，或置于组合柜顶端拐角处，与地面植物产生呼应关系。因为吊兰这种植物其枝叶下垂，或长或短、或直或曲，形成了线的节奏韵律，与隔板、柜橱的直线相对比，能产生一种自然美和动感美。

❷ 立体布置

用绿化来补缺、分隔或遮蔽，这时使用的方法往往是点、线、面综合构成的混合布局，这就叫立体布置。经过大小搭配、点面结合，从而突出主题。立体布置需要考虑一定的背景，要与墙壁、家具及大面积的布饰相配。植物本身色彩丰富，对背景色彩十分敏感。如果有条件，最好使植物的主色与墙壁的背景色成互补色，就会使人感到舒适，而花卉也更显得艳丽。

↑ 上图客厅中，沙发的角落用绿色植物来补缺，这种立体的植物布置，对室内空间其他元素形成很好的补充。

卧室空间软装饰设计

动手做

卧室的软装饰搭配突出温馨浪漫的气氛。本空间搭配色彩灵感来源于希腊爱琴海，更多地运用自然元素，下面我们看看该空间是如何搭配的。

看看都使用了哪些构成元素？

床

窗帘

地毯

吊灯

请试着这样做——室内设计是这样制作出来的

STEP 1
选择床上用品

床上用品陈设在室内起主导作用。清新的绿色给人心旷神怡的感觉。

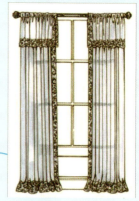

STEP 2
适合风格的窗帘

窗帘选取自然的元素，既具有遮光的实用功能，还能让纱帘不至于太单薄，丰富了层次感。

STEP 3
地毯设计

选择淡雅的地毯纹理，很好地衬托了室内空间。

STEP 4
选择吊灯

棚面吊灯，增强装饰效果，突出室内的气氛。

STEP 5
装饰台灯

床头的台灯，不仅起到照明的作用，台灯的灯座还有装饰效果，与整体环境相融合。

课后实践练习

生活想象——跃层空间设计
（作者李胜男、指导教师赵肖）

本设计注重室内的整体搭配效果，在室内环境中布置出造型优美、格调高雅、工艺精致，特别是具有文化内涵的陈设品，可以营造出不同情趣的室内环境。更是明显地表现出选择者的个性、爱好和文化修养。

POINT , 01 电视背景墙

电视背景布置，突出装饰特色。

POINT , 02 室内家具的使用

中式椅子，墙角的绿色植物装饰及台灯增加了客厅中式设计的氛围。

POINT , 03 窗帘的使用

窗帘的色彩和织物的色彩相呼应。

POINT , 04 餐厅的设计

餐厅与阳台休闲空间的装饰品相呼应。

课后实践练习

设计特色

居室的私密空间中，可以进行多种形式的陈设，如通过趣味性摆放活泼可爱的悬挂物，引起美好回忆的展示等，都会加强私密空间环境的温馨气氛。

POINT , 05 二层卧室效果图

卧室入口墙面，设计挂包的位置。比较注重设计的细节。

POINT , 06 二层卧室效果图

织物在室内的覆盖面积大，对室内的气氛、格调、意境等起很大作用。

POINT , 07 二层书房效果图

书房书柜采用半敞开式，配以工艺品。

POINT , 08 卫生间效果图

卫生间装饰设计与室内空间一致。

Chapter 06

室内设计过程与表达

◆ 了解方案生成
了解方案生成的步骤与方法,掌握各种分析图的画法。

◆ 掌握施工图的绘制方法
掌握工程制图的一般规定和标准及制图技法,掌握平面图、立面图的绘制方法。

◆ 熟悉透视技法
培养灵活运用所学透视技法的能力,逐步培养和提高空间想象能力、分析能力及绘制力。

◆ 掌握效果图绘制方法
灵活运用所学表现技法绘制单体表现图、室内外效果图。

6.1 室内设计方案的生成

草图属于设计师比较个人化的设计语言，一般多作为设计师之间的沟通使用，草图通常以徒手形式绘制，看上去不那么正式，花费时间也相对较少。其绘制技巧在于快速、随意、高度抽象地表达设计概念，不必过多涉及细节。

学习情景	各种草图稿分析
工作任务	任务一：灵活运用各种徒手草图 任务二：意向图的搜集
任务导入	选用茶室饮茶区草图进行分析，可以使用单线或以线面结合的形式，或是稍加明暗、色彩来表达，随个人喜好而定，还可以结合使用一定文字、图形符号来补充说明。

描述1
对线条的把握能力
线条能够充分体现客观物体的形体、结构和精神，它被赋予表达形体和空间感觉的职能。

描述2
掌握透视作图规律
掌握透视知识和作图规律，才能客观、准确地传达出空间形体的比例、大小。近大远小、近高远低是透视的基本特征。

描述3
多种手法和工具运用
设计的表现手法是无穷的，结合设计课题多做尝试性探索，像钢笔、签字笔、马克笔、彩色铅笔等。

描述4
必要的文字说明
在草图表现中，同时再辅以文字来阐述设计思想，则更能体现设计师的创意。必要时通过各种方式进行提示和说明。

学习情景：各种草图稿分析

通过对茶室饮茶区的分析，对茶桌的设计提出尽可能多的想法，以便积累、对比和筛选，为日后的继续发展和修改提供更多的依据。

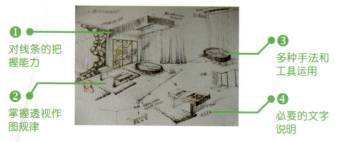

① 对线条的把握能力
② 掌握透视作图规律
③ 多种手法和工具运用
④ 必要的文字说明

任务一　灵活运用各种徒手草图

1　思维导图

以一个词或一个形态为主题或中心，利用发散思维将自己头脑中已有的知识和新的知识进行重新认知和组合，聚集主题，体现设计主题。思维导图强调快速思维，思维越快思维组合越积极，力求在最短的时间内将思维高速运转起来，并让思维有序地流淌出来，在思维涌出时敏捷地抓信思维灵感的突然闪现。

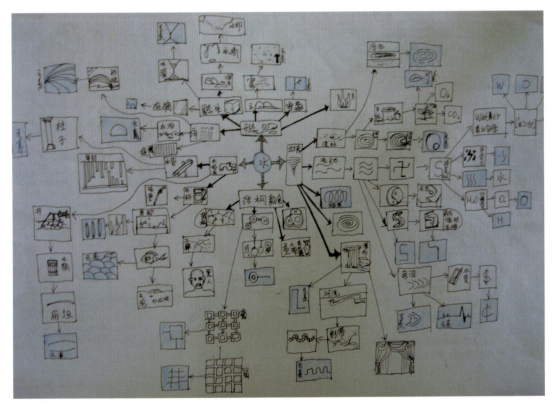

↑ 上图是以水为主题的思维导图，针对所给素材水进行设计符号的提炼，形成特有的设计元素，从原始的图片、文字形成视觉符号的思维过程。提炼的过程中可以用符号、元素、文字分析进行表达，任凭思维无限想象，思维向四面八方发散，从任何角度捕捉灵感的火花。但是，最后要有几个分支提炼出来的设计符号能运用到室内设计中来。

 知识扩展　创造性是设计的本质属性。不管设计的创造性因素在每一个具体的设计案例中所占的比例是高还是低，它都必然发挥着推动作用，并最终成为评价设计优劣的重要标准。

❷ 功能分析图

功能分析图虽说是一种简单的图示，但是，它需建立在设计师们对空间性质的充分理解，对空间功能关系广泛地、深入地调查分析，对各空间的主次、内外、疏密等关系的充分辩证的认识和在对空间中的人的行为流程的科学把握的基础上产生而来的。

虽然在具体的空间规划过程中可适时地调整功能关系图，但是总的各空间组成关系应当在功能关系图中明确表达。设计师们面对信息时代下复杂的空间组合时，由平面的、立体的、全方位的分析研究而得出的功能分析图是必需的，它可在具体的空间组合规划设计时达到事半功倍的效果。

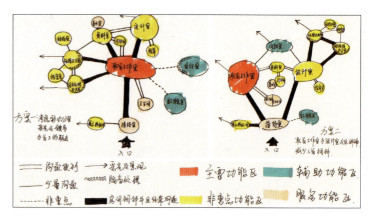

↑ 如上图所示，根据它们的功能关系，可以有几种方案分析图。方案一：考虑办公室采光及领导与员工之间的紧密联系。方案二：职员工作室与设计室方位明确，减少人员拥挤。

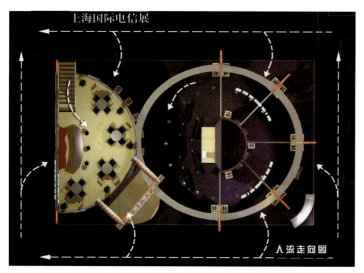

↑ 上图为上海国际电信展的展厅人流走向图，展厅里人流很大，如果人流路线不明晰，则出入会很困难，通过该图的描述，能充分反映人行驶的方向。

❸ 人流分析图

在空间规划设计中，各种流线的组织亦是很重要的。流线组织的好与坏，直接影响到各空间的使用质量。而现代综合类建筑空间中的流线是多方面的，是非常复杂的，设计师们往往会以分析流线的简图来综合表达建筑物内人流的集与散，货物的进与出及车流的疏与导，而这样的简图，称为流线分析图。

 知识扩展 空间不仅是实体所包围的、可测量的"物理空间"，也是存在"心理空间"的。心理空间的形成是由于实体对周围空间的影响和要求，在人的心理上造成的结果，其实质就是实体向周围的"扩张"。

室内设计过程与表达 06

任务二 意向图的搜集

运用线元素来表现简约、时尚的画面效果是一种行之有效的方法。线在设计中具有分割画面、框定主体、重复加深、质感表现等作用和特点，可见线是制造画面空间感、秩序感的强者。

1 材料意向图

通过意向图体现材料的肌理美与质地美。室内外空间界面和空间内物体的表现中，合理地选择和利用材料，使材料的材质美感得到充分的体现，才能更好地创造具有独特个性的室内外空间环境。

如天然石材具有粗犷的表面和多变的层状结构，玻璃砖、各种织物、地毯、壁纸等，成为现代室内设计材料的重要的美感因素。

↑ 该意向图为餐饮材料意向图，材料以不锈钢和玻璃组合，营造出餐厅空间通透的氛围。

2 家具意向图

家具在室内设计中占有十分重要的地位，它在很大程度上能够实现室内空间的再创造。通过家具的不同组合和设计，创造出全新的室内空间感受，而对于一些形态欠佳的室内空间依靠家具的设计和放置，可以在一定程度上予以弥补。如果没有符合人们情感的好家具，就无法创造出最为理想的室内空间环境。

↑ 上图为餐厅中家具的意向图，餐厅里的餐台、餐椅、沙发是餐饮空间的主要家具，其数量多、面积大。家具的造型和色彩对确定餐厅的基调起着很大的作用，家具风格要尽量统一，要与整个室内装饰协调。

③ 灯具意向图

室内灯具的选择不仅要满足人们日常生活和各种活动的需要，还是一种重要的艺术造型和烘托气氛的手段。它对于人的心理、生理有强烈的影响，造成美与丑的印象，舒畅或压抑的感觉。

我们刻意用相当体量的灯具来分割空间，灯光纯粹自然，让人们在视觉上产生一种空旷高远的视觉张力和精神内涵。

↑ 上图为餐厅中灯具的意向图，灯具已不仅仅起到照明作用，而且还有较强的装饰性，能突出餐桌，达到引人注目、增进食欲的效果。小吊灯，能使整个玻璃柜玲珑剔透，美不胜收。

④ 软装饰意向图

软装饰作为室内装饰中的一个重要组成部分，体现了室内环境的设计风格及审美意向，同时在各方面也显示出了美学特征。室内陈设艺术能增进室内环境装饰品位，赋予室内空间文化内涵，创造意境烘托室内气氛，创造二次空间，体现民族特色和陶冶情操。搜集意向图来补充图纸的局部具体效果。

在设计中调用光、影以及配景、植物等表现手段来增强空间主题对人所产生的温馨与浪漫。让客人在就餐时充分感受到美味所带来的生活享受

↑ 通过该空间意向图的搜集，运用饰品来增强空间主题对人所产生的温馨与浪漫，让客人就餐时享受这种温馨的环境。

知识扩展：对家具纹样的选择、构件的曲直变化、线条的刚柔运用、尺度大小的改变、造型的壮实或柔细、装饰的繁复或简练，除了其他因素外，主要是利用家具的语言，表达一种思想、一种风格、一种情调，造成一种氛围。

6.2 室内设计的表达形式

收集、分析、运用与设计任务有关的资料与信息，构思立意，进行初步方案设计与深入设计，进行方案分析与比较。室内初步方案的文件通常包括平面图、天花图、立面图、效果图、设计说明、室内装饰材料实样和设计概算等。

学习情景	设计方案图
工作任务	任务一：施工图绘制 任务二：室内设计表现
任务导入	本案是对流帘餐饮娱乐空间进行分析，在制作的展板上清晰呈现出方案图的内容，如设计说明、平面图、手绘和电脑制作的效果图等。

描述1
设计说明
线条能够充分体现客观物体的形体、结构和精神，它被赋予表达形体和空间感觉的职能。

描述2
统筹平面功能
统筹划分进行空间的平面布局。先把空间按功能需求划分，然后考虑对空间尺度逐步调整。

描述3
效果图表现
通过三维效果图对各个界面的造型、色彩、材质、图案、肌理、构造等方面进行整体表现。

描述4
整体效果
设计的立意、构思，室内风格和环境氛围的创造，着眼于对环境整体的把握。

学习情景：设计方案图

通过对流帘餐饮娱乐空间进行分析，以六边形的蜂窝为基础形态，配合自然引入天然的泉水，让人充分体验"流连忘返"的自然情怀。

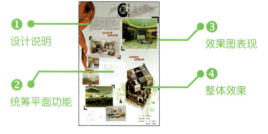

❶ 设计说明
❷ 统筹平面功能
❸ 效果图表现
❹ 整体效果

任务一　施工图绘制

室内设计一般要经过两个阶段，一个是方案设计阶段，一个是施工图阶段。在方案设计阶段中，要画方案图和效果图。方案确定后，就要根据确定的方案绘制施工图，并以此作为指导施工和编制工程预算的依据。

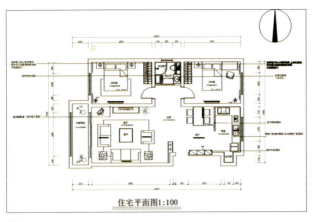

↑ 上图为两室两厅住宅平面图，用来表示门窗、家具及陈设的位置，标明空间尺寸。

1 平面图

平面图是室内设计工程中的主要图样，实际上是一种水平剖面图。就是用一个假想的水平剖切面，在窗台上方把房间切开，移去上面的部分，由上向下看，对剩余部分画正投影图。表示房间的分隔与组合，墙、柱的断面与尺寸，门、窗、景门、景窗的位置、尺寸与门的开启方式，楼梯、电梯、自动扶梯、室内台阶的位置与形式，家具、陈设、卫生洁具及所有固定的设备。

2 顶棚图

顶棚平面图是将房屋沿水平方向剖切后，用正投影方法绘制而得的图样，用以表达顶棚造型、材料、灯具及空调、消防的位置。它是室内装饰最复杂也是重要组成部分。

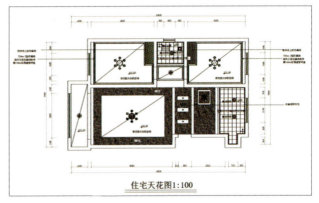

↑ 上图为室内顶棚图设计，体现顶棚造型、材料的运用及灯具的位置类型。

3 立面图

室内装饰立面图是将房间从竖向剖切后做正投影而得的，用来反映室内墙、柱面的装饰造型、材料规格、色彩与工艺以及反映墙、柱与顶棚之间相互联系的图样。

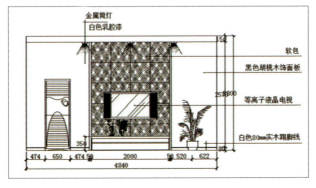

↑ 上图为厨房立面图，标明橱柜的做法、尺寸，及材料的应用。

室内设计过程与表达　06

对比分析

在方案设计阶段中，要画方案图和效果图。方案确定后，就要根据确定的方案绘制施工图，施工图绘制应当严谨，下面一起分析一下。

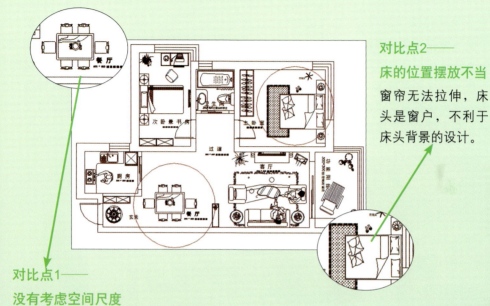

对比点2——
床的位置摆放不当
窗帘无法拉伸，床头是窗户，不利于床头背景的设计。

对比点1——
没有考虑空间尺度
餐桌放在入口玄关的位置，影响家庭人员进出。

或许，这样设计更好……

解决1——
将餐桌移到紧邻厨房处，方便上菜，玄关处形成过道，方便出入。

解决2——
将床的位置更换，有利于窗帘拉伸，有利于床头背景的设计。

改变床的位置

留出过道

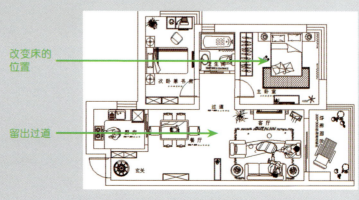

配图参考

105

任务二 室内设计表现

1 手绘表达效果图

手绘效果图更加直观、表现力更强、更能有效、真实地反映设计效果，被设计师使用得就更多，绘制时兼顾色调的统一和对比、涂色的方式、上色的先后、材质肌理的表现、光影的刻画等方面彩色透视图可以有多种材料及技法进行综合表现。

①马克笔画技法

马克笔画法的特点在于画面较为爽快，可以刻画细部和加强画面效果，色彩的明度可以形成较大的反差。马克笔不适合于大面积使用，掌握不好容易使画面零碎。马克笔上色后不易修改，故一般应先浅后深，浅色系列透明度较高，宜与黑色(或深色)的钢笔画或其他线描图配合上色，作为快速表现也勿须用色将画面铺满，有重点地进行局部上色，画面会显得更为轻快、生动。马克笔的同色叠加颜色会显得更深。

↑ 上图运用马克笔快速表现卧室效果图，大胆用色，绘制起来方便、快捷。

②彩色铅笔画技法

彩色铅笔画法的最大特点是可以大面积上色，具有细腻的特点，适合于表现画面中大的整体空间。用水溶性彩色铅笔加水进行润色，效果更加明显。两种颜色可以重叠使用，也可以用橡皮进行修改。彩色铅笔上色应由浅到深，可用平行排线法、交叉排线法和虚线法来刻画块面色彩，彩色铅笔透视图的色彩往往给人微妙的变化感。

⬆ 上图是用彩色铅笔绘制的服装店的效果图，柱子等细节表现比较清晰。该幅图细节较多，适合使用彩色铅笔绘制。

③水彩画(包括透明水色画)技法

水彩表现要求底稿图形准确、清晰，忌用橡皮擦伤纸面(最好另用纸起稿，然后拷贝正图，再裱图上板)，而且十分讲究纸和笔上含水量的多少，即画面色彩的浓淡、空间的虚实、笔触的趣味都有赖于对水分的把握。

⬆ 上图中钢笔淡彩的效果图，是将水彩技法与钢笔技法相结合，发挥各自优点，颇具简捷、明快、生动的艺术效果。

❷ 电脑绘画技法表达效果图

电脑渲染是把造型、色彩、材质、光影、动静都进行数字化处理,让电脑完成中间过程,设计师的任务就是前期建模、输入数据,后期调整修改。

设计表现图领域里,电脑所绘的各种效果图以它形体透视比例准确、色彩明暗对比细腻、材料质感刻画逼真、情景气氛表达亲切以及画面便于调整修改,并可大量、快速复制等优点占据了效果图市场绝对优势的地位,这是科技进步的客观反映。随着设计师和电脑操作者技能的熟练与艺术修养的提高,电脑绘画在设计表现图上的表达效果还会有所创新,有所突破,还将更好地发挥出不可替代的作用来。

⬆ 上图电脑表达的效果图,把该会议室的色彩、材质表现得很逼真,灯光效果表现也很到位。

❸ 口头表达

利用口头与客户沟通并利用口头形式讲述方案,将自己的设计意图和设计效果告知客户,以得到客户的认可与赞同。

动手做

制作手绘效果图

手绘效果图技法是最能体现设计与表现融为一体的表现技法。作为未来的装饰设计师，手绘效果图是专业的语言，它效率高、表现力强，所以手绘技法应该继续保持和发展下去。

看看都使用了哪些构成元素？

细致刻画的电视　　柔软的沙发　　物体的投影　　绿色植物

请试着这样做——室内设计是这样制作出来的

STEP 1
画透视稿

按照透视规律,画出客厅的线稿。注意把握透视关系。

STEP 2
填充主体色

填充室内大面积的主体色彩,确定空间的色彩基调。

STEP 3
画清明暗关系

画物体的投影及明暗面,来分清物体的明暗关系。

STEP 4
最后完成作品

这幅图运用马克笔表现的客厅效果图,用色大胆,绘制起来方便、快捷。

课后实践练习

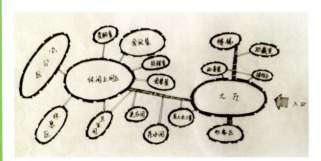

办公空间设计
（作者曹轻杨、指导教师张洪双）

设计概述

此办公空间在装饰风格上追求一种时尚感，现代感和简约但不简单，平淡但不平凡的设计装修风格。在空间划分中，各自的功能分区安排合理，每处细节都是精心设计，自然突出设计之美。

POINT，01 一楼平面图

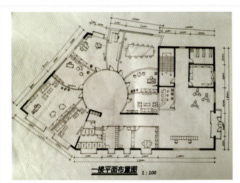

一楼平面图布局合理，人流走向明晰。

POINT，02 二楼平面图

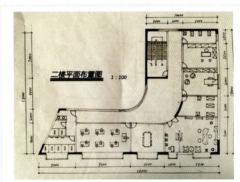

二层主要是办公区，布置在采光比较好的位置。

POINT，03 办公室立面图

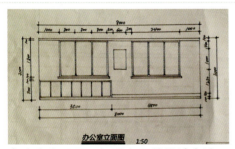

办公室立面图，标明立面的设计方法。

POINT，04 大厅效果图

黑白相间的墙面，墙面与烤漆玻璃的完美结合，突出一种简洁大方的时尚之感。

课后实践练习

设计风格

现代风格的办公空间设计,突出办公方便、快捷的特点,更营造出轻松的办公氛围。本设计为开敞办公室,让办公人员在轻松愉悦的环境下工作。

POINT.05 总经理办公室效果图

总经理办公室着重突出文化内涵,墙体橡木饰面与皮面硬包的处理给人大气、沉稳的感受。

POINT.06 茶水间效果图

茶水间,员工休息饮水的小空间,设计得简单、温馨。

POINT.07 会议室效果图

会议室有足够的光源和艺术装饰灯的不同色彩,形成一种光与影的对比。

POINT.08 卫生间效果图

卫生间设计以黑白色调为主,干净、整洁。

Chapter

居住空间设计

◆ **掌握居住空间功能**

掌握居住空间中各空间功能及设计要点，居住空间的各空间细部装饰设计以及装饰空间组织。

◆ **熟悉居室空间程序的运用**

运用居室空间的设计程序，掌握生活空间的设计原则和理念。

◆ **熟悉居住空间设计**

对空间的功能划分、尺度要求和各类型设计风格有一定的认知和与客户交流沟通的能力以及与项目组同事的团队协作精神。

◆ **掌握居住空间的设计原理**

掌握居住空间光源和照明方式的合理选择，色彩运用及在空间的协调，材料的搭配及预算。

0.1 居住空间的设计

居住空间环境的设计是对住宅建筑设计的延续、深化和再创造。在设计的时候首先应该考虑空间布局、功能的完善等。室内气氛和风格的营造，在设计时就要充分考虑装饰语言的基本要素。

学习情景	居住空间中客厅的设计
工作任务	任务一：不同功能类型的内部空间
任务导入	选用一个中式的客厅进行分析，让学生明白客厅设计过程，深入了解客厅空间的作用和意义。

学习情景：居住空间中客厅的设计

选择该客厅空间是因为中式设计特点突出，易于理解。该空间是家庭的团聚、休闲、饮茶、谈天等活动的空间，由此形成一种亲切而热烈的氛围。木质地板与中式家具的搭配将中式风格体现得淋漓尽致。

描述1
中式风格
本案以中式风格设计为主，稳重、静谧为主调，整体家具均采用梁志天先生设计的一擎系列中式家具，更充分体现了中式的风格。

描述2
材质的运用
选用深色樱桃木与黄色壁纸为主色，局部点缀红色壁纸体现中式韵味，地面选用胡桃木地板。

描述3
玄关处设计
进门玄关处设置以半通透门细线条为造型的隔断，让内外若隐若现。

描述4
设计中的呼应
为了保证造型和格局的统一，固在电视背影墙处同设置同一造型，三处为可移动拉门，随时变化，增加客厅的灵活性。

① 中式风格
② 材质的运用
③ 玄关处设计
④ 设计中的呼应

任务一　不同功能类型的内部空间

1 玄关设计

玄关作为进入居室的第一道风景,是住宅的咽喉地带,它给予进入者的感觉相当于人与人之间的第一印象。虽是居室空间中狭小的一角,却对整个居室的风格起着至关重要的作用。

① 玄关的设计原则

a. 缓冲视线

玄关对户外的视线产生了一定的视觉屏障,不至于开门见厅,让人们一进门就对客厅的情形一览无余。它注重人们户内行为的私密性及隐蔽性,保证了厅内的安全性和距离感,在客人来访和家人出入时,能够很好地解决干扰和心理安全问题,使人们出门入户过程更加有序。

↑ 上图在进门处用木制和玻璃做隔断,划出一块区域,在视觉上有遮挡效果。

b. 实用性

玄关不仅仅是一个装饰,它还应有实用性。在小户型的主人看来,充分利用居室空间是居室设计的首要内容,玄关要兼顾视觉美感的同时,还要成为进门处脱衣、换鞋、放伞的集纳地,也是主人出门时整理衣装、准备小件必须携带物的空间。

↑ 上图玄关有一定的收藏功能,可以收纳鞋,也可放包及钥匙等小物品。

c. 间隔空间

室内设计是最讲究空间规划的。玄关的隔与不隔之间，怎样隔的具体实施过程中，都会与周围的空间布局发生着微妙的联系。对于大空间的居室来说，玄关的隔是对内在空间的重新区分，从而创造出一个独立主题，彰显主人品位的空间。

↑ 居室讲究一定的私密性，大门一开，有玄关阻隔，外人对室内就不能一览无余。

②玄关的设计要点

玄关是给人第一印象的地方，既为来客指引了方向，也给主人一种领域感。玄关的空间往往不大，而且不太规整，在这个不大的空间中，既要表现出居室整体风格，又要兼顾展示、换鞋、更衣、引导、分隔空间等实用功能。玄关是一块缓冲之地，是一个缩影。

a. 间隔性和私密性

之所以要在进门处设置"玄关对景"，其最大的作用就是遮挡人们的视线。这种遮蔽并不是完全的遮挡，而要有一定的通透性，类似中式传统民宅的"影壁"。不但使外人不能直接看到宅内人的活动，同时，通过影壁在门前形成了一个过渡性的灰色空间，为来客导引了方向。

b. 实用和保洁

实用功能，就是供人们进出家门时，在这里更衣、换鞋，以及整理装束，在玄关处处理好仪表。这样还可保持家里的干净，卫生。

↑ 为了避免客人在进入房门的时候对房间一览无余，在玄关设置软隔断，既有很好的装饰效果，又能起到阻隔视线的作用。

c. 采光和照明

门厅处一般需要大一些的主灯，再配合壁灯、穿衣灯，以及起装饰作用的射灯等光源，共同营造一个温暖、明亮的空间。

↑ 玄关内使用暖色的灯光，因为暖色能制造温情，玄关使用射灯和吊灯，能够在保证玄关亮度的同时，还能使空间显得高雅。

d. 风格与情调

玄关设计，浓缩了整个设计的风格和情调，要能起到"提纲挈领"的作用。因此，往往在玄关对景的造型、装饰材料的色彩和质感上格外注意。

↑ 玄关空间有引导作用，是整个居室设计的风格和情调的一个引子，可用装饰花和工艺品装饰。

❷ 客厅设计

客厅是家庭群体生活的主要活动空间，是"家庭窗口"。客厅相当于交通枢纽，起着联系卧室、厨房、卫浴间、阳台等空间的作用。客厅的设计要点如下。

① 主次分明

客厅包含若干个区域空间，但是有一点须引起注意的是，在众多的活动区域中必然有一个中心区域，以此形成起居室的空间核心。在客厅中通常以聚谈、会客空间为主体，辅助以其他区域而形成主次分明的空间布局。而聚谈、会客空间的形成往往是以一组沙发、座椅、茶几、电视柜围合形成，并确立一面主题墙或以装饰地毯、天花造型、灯具与之呼应以达到强化中心的目的。

⬆ 上图客厅设计中，客厅视觉注目的焦点是视听区，布置在主坐的迎立面，以便视听区域构成客厅空间的主要目视中心，突出设计的重点。

⬆ 上图客厅想要营造一个风格突出的居家空间，色调上以浅色系为主，黑白色对比强烈，而材质采用自然的元素，地毯是不规则的牛皮花纹地毯。

② 个性突出

客厅的风格基调往往是家居格调的主脉，把握着整个居室的风格，反映了主人的审美品位和生活情趣，讲究的是个性。每一个细小的差别往往都能折射出主人不同的人生观及修养，因此设计客厅时要用心。可以通过材料、装饰手段的选择及家具的摆放来表现，但更多的是通过配饰等"软装饰"来体现，如工艺品、字画、坐垫、布艺、小饰品等，这些更能展示出主人的修养。

③交通组织合理

客厅在功能上是家居生活的中心地带，在交通上则是住宅交通体系的枢纽，客厅常和户内的过厅、过道以及客房的门相连，而且常采用穿套形式。如果设计不当就会造成过多的斜穿流线，措施之一是对原有的建筑布局进行适当的调整，如调整户门的位置。二是利用家具布置来巧妙围合、分割空间，以保持区域空间的完整性。

↑ 客厅是家庭的中心，客厅相当于交通枢纽，起着联系卧室、厨房、卫浴间、阳台等空间的作用。该空间设计相对独立，侧面的交通路线明晰。

④良好的通风与采光

要保持良好的室内环境，除视觉美观以外还要给居住者提供洁净、清晰、有益健康的室内空间环境，保证室内空气流通是这一要求的必要手段。空气的流通一种是自然通风，一种是机械通风，机械通风是对自然通风不足的一种补偿。客厅应保证良好的日照，并尽可能选择室外景观较好的位置，这样不仅可以充分享受大自然的美景，更可感受到视觉与空间效果上的舒适与伸展。

↑ 上图所示的客厅中以自然采光为主，在自然光的照射下客厅温馨热情洋溢。自然光线比较柔和自然，具有很强的视觉适应性。

对比分析

客厅是家居中活动最频繁的一个区域，客厅为整个家庭装饰的风格定位起到不可替代的作用，所以客厅设计尤为关键。

对比点2——
装饰画没图案
放置一个大的白色装饰画，没起到装饰的作用。

对比点1——
色彩不协调
墙面色彩与空间色彩不协调。绿色墙面与空间色彩没有呼应，略显突兀。

或许，这样设计更好……

解决1——
墙面的颜色换成白色，符合现代风格的空间特点，作为背景色很适合。

解决2——
摆放装饰画，烘托现代风格设计的气氛，起到活跃空间的作用。

改变墙面色彩

摆放装饰画

配图参考

对比分析

在住宅设计空间中，尤其是客厅设计很重要，在设计中要形成视觉的焦点，无论房间是何种风格，都需要制造一个第一时间抓人眼球的设计点。我们看一下下面的设计。

对比点2——
地毯的色调不协调
地毯的色彩与室内色彩不协调，没起到衬托作用。

对比点1——
没有视觉的焦点
从该客厅的角度看，把沙发背景作为视觉的重点，但设计手法没有体现出来。

或许，这样设计更好……

解决1——
将沙发背景色设置为红色，并设有装饰画，形成视觉的焦点。

解决2——
将地毯的颜色改变，与沙发及室内的色彩相协调，并起到衬托作用。

沙发背景设计为红色

变换地毯的色彩

配图参考

③ 厨房设计

①空间决定形式原则

依据空间大小决定厨房形式，厨房依据空间的大小，可分为一字型、L字型、凹字型与中岛型。

- 一字型

一字型厨房，直线式的结构简单明了，通常需要面积7平方米，长度为2米的空间。只要依照使用者的习惯将烹调设备一摆放即可。如果空间条件许可，也可将与厨房相邻的空间部分墙面打掉，改为吧台形式的矮柜，如此便可形成半开放式的空间，增加使用面积。

↑ 上图一字型的厨房布局，工作都在一条直线上完成，能有效节省空间。

- L字型

将清洗、配膳与烹调三大工作中心，依次配置于相互连接的L型墙壁空间。最好不要将L型的一面设计过长，以免降低工作效率，这种空间运用比较普遍、经济。

- 凹字型

凹字型厨房可以在转角处与左右两边多规划些高深的橱柜，以增加收纳功能。凹字型有两个转角空间，往往被人们忽略其置物的功能性，其实可以加装能180度或360度旋转的转角旋转柜，当门开启时，里面放置的物品会随之旋转而出。

↑ 上图所示的L型厨房中，工作流程清晰，便于提高工作效率。这种厨房空间很实用。

- 中岛型

中岛型的厨房是在厨房中央增设一张独立的桌台，可作为餐前准备区，也可兼顾餐桌的功能，灵活运用于早餐、烫衣服、插花、调酒等，但需要至少16平方米的空间。

↑ 上图所示的厨房作品中，采用中岛型设计，方便操作。

居住空间设计 07

②操作流程原则

在规划空间时合理分配橱柜空间，尽量依据使用的频率来决定物品放置的位置，如将滤网放在水槽附近、锅具放在炉灶附近等，而食物柜的位置最好远离厨具与冰箱的散热孔，并保持干燥和清洁。在收纳物品时，当然还要注意到安全问题。

⬆ 该厨房工作流程在洗涤后进行加工，然后烹饪，操作起来方便，节省时间提高工作效率。

③能源照明原则

充足的照明可提高办事效率，厨房的照明首要考虑安全与效率。灯光应从前方投射，以免产生阴影妨碍工作。除利用可调式的吸顶灯作为普遍式照明外，在橱柜与工作台上方装设集中式光源，可以让切菜与找物更为方便安全。在一些玻璃储藏柜内可加装投射灯，特别是内部储放一些有色彩的餐具时，能达到很好的装饰效果。

⬆ 上图空间运用吊灯和吸顶灯照明，无影和无眩光的照明，能集中照射在各个工作中心处。

④采光通风原则

厨房的采光主要是避免阳光的直射，防止室内贮藏的粮食、干货、调味品因受光热而变质。另外，必须通风。但在灶台上方切不可有窗，否则燃气灶具的火焰受风影响不能稳定，甚至会被大风吹灭酿成大祸。

⬆ 上图阳光的射入，使厨房舒爽又能节约能源，更是令人心情开朗。

❹ 餐厅设计

餐厅是家人日常进餐并兼作欢宴亲友的活动空间。餐厅位置应靠近厨房，并居于厨房与客厅之间最为有利，在布置上则完全取决于各个家庭不同的生活与用餐习惯。一般对于餐厅的要求是便捷卫生、安静、舒适。

①突出就餐区的实用性

一般家庭没有过大的用餐空间，所以应尽量采用开放式格局和装饰。可安放一面镜子，一方面可显得就餐区的面积扩大，另一方面保持了室内视觉空间的完整性，增加了装饰效果。

↑ 上图所示餐厅中，使用开放式的设计手法，餐厅位置靠近厨房，适当降低吊顶，可给人以亲切感。

②营造用餐的氛围

餐厅装饰要有用餐气氛，体现视觉效果，整体颜色要舒服。尤其是灯光配置应以暖色调为主，尽量避免采用日光灯光源。四墙面的颜色与点缀物要以淡雅颜色为主，让人看后心情舒畅，用餐时有个好胃口。

↑ 上图餐厅营造出一种清新、优雅的氛围，以增加就餐者的食欲，给人以宽敞感。

③体现生活情调

餐厅中主要的家具就是餐桌和椅子，陈设一些实用的小摆件会增加生活情趣，例如摆上一些晶莹剔透外形独特的玻璃器皿、细腻精致的陶瓷餐具等，无论观赏或使用，均能表现出生活格调。

↑ 可以用一些其他手段来巧妙地体现生活情调，如上图餐厅灯光的变化，餐巾、餐具的变化，装饰花卉的变化，处理得当，效果会更加明显。

知识扩展 餐厅的家具配置应根据家庭日常进餐人数来确定，同时应考虑宴请亲友的需要。根据餐厅或用餐区位的空间大小与形状以及家庭的用餐习惯，选择适合的家具。

居住空间设计 07

❺ 卧室设计

卧室是居室中最重要的生活场所。卧室的布置已经成为居家布局的首要重点，而对于细节的追求则是重中之重。卧室家具的总体布置要充分体现安静、整洁、舒适的功能需求。

①卧室设计的原则

a. 要保证私密性

↑ 窗帘帷幔最具柔情主义。轻轻地摇曳，显得浪漫温馨。室内的封闭性也很好，保证了私密性的要求。

私密性是卧室最重要的属性，它不仅仅是供休息的场所，还是夫妻情爱交流的地方，是家中最温馨与浪漫的空间。卧室要安静，隔音要好，可采用吸音性好的装饰材料，门上最好采用不透明的材料完全封闭。有的设计中为了采光好，把卧室的门安上透明玻璃或毛玻璃，这是极不可取的。

b. 使用要方便

室内一般要放置大量的衣物和被褥，因此装修时一定要考虑储物空间，不仅要大而且要使用方便。床头两侧最好有床头柜，用来放置台灯、闹钟等随手可以触到的东西。有的卧室功能较多，还应考虑到梳妆台与书桌的位置安排。

↑ 上图卧室的实木衣柜，可以把衣物和床上用品全部收纳进去。

c. 灯光照明要讲究

↑ 上图中卧室灯光柔和、温馨、有变化。发光棚增加了浪漫的情调，台灯，在意象上更强化了烛火的温暖感觉。

最好采用向上打光的灯，既可以使房顶显得高远，又可以使光线柔和，不直射眼睛。除主要灯源外，还应设台灯或壁灯，以备起夜或睡前看书用。另外，角落里设计几盏射灯，以便用不同颜色的灯光来调节房间的色调，如黄色的灯光就会给卧室增添不少浪漫的情调。

125

② 卧室设计的要点

卧室是人们休息的主要处所，卧室布置得好坏，直接影响到人们的生活、工作和学习，所以卧室也是家庭装修的设计重点之一。卧室设计时要注重实用。

↑ 上图卧室设计注重卧室大面积的颜色搭配，同时还照顾小配饰的颜色搭配。加入一些与主色调相协调的色彩。

a. 色彩要统一化

色彩应以统一、和谐、淡雅为宜，比如床单、窗帘、枕套皆使用同一色系，尽量不要用对比色，避免给人太强烈鲜明的感觉而不易入眠。对局部的原色搭配应慎重，稳重的色调较受欢迎，如绿色系活泼而富有朝气，粉红系欢快而柔美，蓝色系清凉浪漫，灰调或茶色系灵透雅致，黄色系热情中充满温馨气氛。

b. 材质要多元化

床垫、寝具的质地应该力求舒适。地板最好能铺上地毯，既吸音，走起来也会舒服些。在有木地板的情况下，在局部铺上地毯更为舒适和实用，也丰富了地面材料的质感和色彩。用壁布覆盖墙壁、窗户用镶嵌双层玻璃或者多层化处理，都可以淡化室外的喧嚣，创造出一个宁静的睡眠空间。

↑ 上图实木地板木纹自然美观，脚感舒适，地毯的色彩和床上用品色彩协调。

↑ 卧室整体感觉温馨舒适，实现了功能的个性化设计。

c. 功能个性化

主卧布置的原则是如何最大限度地提高舒适和提高主卧的私密性，所以主卧的布置和材质要突出的特点是清爽、隔音、软、柔。儿童房与主卧最大的区别就在于设计上要保持相当程度的灵活性。儿童房只要在区域上为他们做一个大体的界定，分出大致的休息区、阅读区及衣物储藏区就足够了。儿童房间容易弄脏，装饰时应采用可以清洗及更换的材料。

❻ 书房设计

房内要相对独立地划分出书写、电脑操作、藏书以及小憩的区域，以保证书房的功能性，同时注意营造书香与艺术氛围，力求做到"明"、"静"、"雅"。

a. 书房——明

书房作为主人读书写字的场所，对于照明和采光的要求很高，写字台最好放在阳光充足但不直射的窗边。书房内一定要设有台灯和书柜用射灯。

⬆ 书房宽敞明亮，书桌放在书房靠窗的位置，强烈的日照通过窗幔折射会变得温和舒适。

b. 书房——静

对于书房来讲，静是十分必要的，因为人在嘈杂的环境中工作效率要比安静环境中低得多。所以在装修书房时要选用隔音、吸音效果好的装饰材料。天棚可采用吸音石膏板吊顶，墙壁可采用PVC吸音板或软包装饰布等装饰，地面可采用吸音效果佳的地毯，窗帘要选择较厚的材料，以阻隔窗外的噪声。

⬆ 书房需要的环境是安静，少干扰，能提高工作效率。

c. 书房——雅

将情趣充分融入到书房的装饰中是极为重要的，一个艺术收藏品、几幅钟爱的绘画或照片、几幅亲手写的墨宝，哪怕是几个古朴简单的工艺品，都可以为书房增添几分淡雅、几分清新。书房，顾名思义是藏书、读书的房间。那么多种类的书，且又有常看、不常看和藏书之分，所以应将书进行一定的分类存放，讲究一个"序"字。如分书写区、查阅区、储存区等分别存放，这样既使书房井然有序，还可提高工作的效率。

⬆ 书柜里可以放置几个古朴简单的工艺品，均可为书房增添几分淡雅、几分清新。

7 卫生间设计

卫生间在家居生活中使用频率也非常高，应考虑实用与美观相结合，但首先要考虑功能使用，然后才是装饰效果。

↑ 上图卫生间宽敞明亮，黑白色对比搭配，干湿分区合理地把"方便"和"清洗"分成两块不同的区域，使其互不干扰。

a. 使用要方便、舒适

卫生间的主要功能是洗漱、沐浴、便溺，有的家庭的卫生间还有化妆、洗衣等功能。现在的卫生间流行"干湿分离"，有些新式住宅已经分成盥洗和浴厕两间，互不干扰，用起来很方便。一间式的卫生间可以用推拉门或隔断分成干湿两部分，这是一个简单而实用的选择。

b. 要保证安全

安全主要体现在几个方面：地面应选用防水、防滑材料，以免沐浴后地面有水而滑倒；开关最好有安全保护装置，插座不能暴露在外面，以免溅上水导致漏电、短路；通风要好，以免使用燃气热水器沐浴时发生一氧化碳中毒。

↑ 卫生间地面采用防滑砖，保证老人、孩子行走安全。

c. 通风采光效果要好

卫生间的一切设计都不能影响通风和采光。应加装排气扇把污浊的空气抽入烟道或排出窗外。如有化妆台，应保证灯光的亮度。室内装饰材料应质地细腻、易清洗、防腐、防潮，要求也较高，先应把握住整体空间的色调，再考虑墙、地砖及天花吊顶材料。

↑ 上图利用开窗的形式让自然风吹入，替换卫生间的空气，使空气保持清新。再借助于通风设备而使卫生间换气的一种通风方式。

> **知识扩展**　卫生间一般分为三大功能区，即梳洗区、浴室区、厕所区。梳洗区一般设置在卫浴空间的前端，主要摆放各种梳洗用具。浴室区是专供人洗澡和沐浴的地方，面积最好不要小于3平方米。厕所区的面积一般很小，而且必须在这个区域安装通风、换气设备。

居住空间设计

⑧ 阳台设计

阳台是室内与室外之间的一个过渡空间，是呼吸新鲜空气，沐浴温暖阳光的理想场所。选择阳台改造方案时，应强调自己最需要的功能，阳台最主要的功能是放松身心。

① 居室化阳台

↑ 阳台充满清新和舒适的味道，是家中一块不错的休闲之处，添上与情景相符的家具，会为阳台增色不少。

为了充分利用小阳台的空间，通常是将其与居室打通连为一体，再用落地窗与外界隔开，配上飘逸的窗帘。这种方式适合卧室面积过小，或者采光严重不够的空间，可以通过这种方案扩大空间，增加采光。

② 阳台休闲区

阳台是呼吸室外新鲜空气，享受日光，放松心情的场所。因此，根据阳台面积的大小，稍加装饰就能使阳台满足主人追求惬意生活的需要。阳台作为休闲区，还得种上些绿色植物、花卉才好，如常青藤类的植物在夏天攀爬于阳台上，显得生机盎然，不仅起到了装点墙面的作用，还有利于人体健康。

↑ 阳台作为休闲区，可以呼吸新鲜空气，享受阳光。

③ 阳台的小书房

↑ 上图阳台的处理，在靠墙的位置装上层层固定式书架，一个独立的区域就营造出来了。

居室面积小，一般都不设有单独的书房或工作间，如果把阳台与居室打通，阳台就可以成为崭新的书房而加以利用了。在靠墙的位置装上层层固定式书架，再放上一张小巧的书桌，一个独立的区域就营造出来了。

动手做

制作客厅设计图

居住空间设计是建筑设计的有机组成部分,是建筑设计的深化与再创造。了解住宅室内设计的内容、分类和设计方法,理解住宅室内设计的基本概念和基本原理。一起制作一下客厅效果图吧!

看看都使用了哪些构成元素?

竖向装饰条

手绘背景墙

几何造型电视柜

花纹地毯

STEP 1
建立客厅空间
按照平面图的尺寸，建立起客厅空间，制作灯带。

STEP 2
制作地面
地面铺设瓷砖，按照瓷砖尺寸铺设，制作踢脚线。

STEP 3
制作电视背景墙
电视背景墙，造型用石膏打造，镶嵌茶色玻璃。

STEP 4
制作墙面手绘效果
添加手绘效果，花卉的图案来增添客厅的气氛。

STEP 5
对背景墙进一步设计
背景墙面添加白钢条，做白色方格，摆放装饰品。

STEP 6
导入电视柜和电视
根据空间的大小，摆放合适的电视柜及电视。

STEP 8
添加沙发、茶几
根据客厅的风格，添加沙发和茶几。

STEP 7
添加装饰品
地面及背景墙摆放装饰品及植物，增加客厅的设计效果。

STEP 9
添加地毯
根据室内的色彩，选择和背景墙相呼应的地毯。

STEP 10
最后完成作品
添加吊灯及光感，让空间更加丰富。

课后实践练习

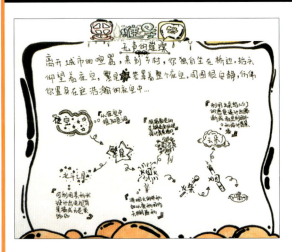

无声的璀璨
——两室一厅设计
（作者周祥雯、指导教师张洪双）

本套方案面积为90平方米两室两厅的室内空间。设计方案主要以自然为主题构思，以咖啡色和黑色为主要用色。在总体布局方面，尽量满足业主生活上的需求，主要装修材料为实木、布艺、墙纸等各类的材质，进而营造出一个温馨浪漫的空间，健康的现代家庭环境。室内的环境设计是按其区域的划分，而展现主题所要表达的不同风格和韵味。

POINT,01 功能分析图

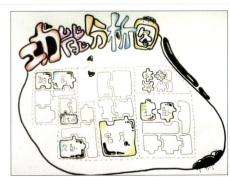

分析各个功能之间的关系。

POINT,02 气泡图

用气泡图来分析各空间的功能。

POINT,03 人流走向图

明确地看到从入口到室内各个空间的人流。

POINT,04 材料分析图

分析该空间中所使用的材料。

课后实践练习

设计特色

"以人为本"的设计理念，展现一个高质量的美好家居环境。空间装饰大多采用了多种元素相互交融相互搭配的设计。多种元素并存的设计思想是最近特别受到人们喜爱的风格之一，它讲究一种合作的精神。

POINT,05 客厅效果图

客厅整个空间都附有层次感。

POINT,06 餐厅效果图

餐厅营造出愉悦的就餐环境。

POINT,07 主卧室效果图

采用深色螺旋壁纸做卧室背景墙。

POINT,08 次卧室效果图

墙面使用带有碎花的壁纸，体现设计风格。

Chapter 08

公共空间设计

◆ **了解公共空间设计流程**

掌握公共空间设计项目方案分析、方案设计、方案表现、方案制作等核心知识和必备技能。

◆ **熟悉公共空间设计方法**

具备公共空间设计方案的设计能力,能够合理选用装修材料,并确定色彩与照明方式;能够进行空间各界面、家具、陈设、灯具、绿化、织物的选型。

◆ **掌握公共空间设计的原则**

掌握公共空间设计的基本法则和规律,培养学生独立完成各类公共空间室内设计任务的能力。

Interior Design | 室内设计原理与实践

8.1 办公空间设计

随着社会的进步，人们的生活方式和工作方式有了明显的变化，以现代科技为依托的办公设施日新月异，办公模式多样而富有变化，对办公环境、行为模式，人们从观念上不断增添了新的内容和新的认识。

学习情景	Google公司室内设计
工作任务	任务一：了解办公空间基本特征 任务二：办公空间设计要点
任务导入	Google的办公环境非常人性化，并且有更强烈的视觉享受，以美观和娱乐因素来促进创新性和协作能力，激发员工的兴趣，对创新性思维的培养有进一步的提高。

描述1
轻松的环境
瑞士苏黎世EMEA工程技术中心的Google新办公室，是一个充满活力的工作空间，用人性化来形容似乎多此一举。

描述2
交互的环境
整个空间设计过程都采取互动和透明的方式，员工参与设计，工作环境是多样化的，强调更为轻松的公共空间。

描述3
工作与娱乐
Google的办公环境一贯重视公共空间设计，并认为放宽限制是至关重要的创新，工作与娱乐并不相互排斥。

描述4
便于沟通
公共区域故意地分散在各处，为促进七个楼层间不同工作组和团队的沟通，为了让楼层之间的连接更富乐趣。

学习情景：Google公司室内设计

Google从来不走传统的路线，它的办公环境也是如此。位于瑞士苏黎世EMEA工程技术中心的Google办公室，又一次令世人瞩目，惊叹不已。绝对的创意、人性化且充满活力。

❷ 交互的环境

❸ 工作与娱乐

❹ 便于沟通

❶ 轻松的环境

公共空间设计 08

任务一　了解办公空间的基本特征

1　信息化

办公室是对信息生产、复制、处理、归档和美化的一个地方。办公室设计将成为一个知识中心。现代信息和通信技术正在改变工作环境的传统搭配因素，时间、地点和结构。各种因素的不同动态搭配能够根据不同的任务和使用者的要求创造出很多不同的工作环境。

↑ 考虑到整个信息系统和空间的管理，本设计中的文件柜，便要预设到其可容纳档案的量和类别，为档案的归类存放提供良好、便利的方式。

↑ 会议室兼有接待、交流、洽谈及会务的用途。可根据已有空间大小、尺度关系和使用容量等来确定。空间塑造上以追求亲切、明快、自然、和谐的状态为主。

2　交流化

由于竞争越来越激烈，对员工的合作与沟通提出了更多的要求，团队工作和项目工作将成为未来的主要工作形式。办公室逐渐变成一个通信网络的节点，它需要为一些不定时的短时间的相遇和正式或非正式的交流提供空间。这种新型办公室根据情况需要，在同一时间里可以是开放的也可以是封闭的，能够为各种可能的交流提供空间。

知识扩展：重视办公心理环境是社会发展的必然要求，也是室内设计师所应肩负的责任。影响室内办公人员心理感受的因素很多，如室内空间的大小和形状，采光照明和界面选材所形成的光色氛围，家具、办公设施的形状、材质、色彩以及与身体接触时的感受等。

137

❸ 社会性

办公空间里,人们越来越认识到工作是具有社会动力的,这种动力具有生产性和价值。空间内可设置娱乐、咖啡厅和宽敞的干道等模拟真实生活场景的区域,形成了许多工作空间。

由此思路产生的缩微社区概念造就了更多创造性及协作性的办公空间设计风格。其用意是创造一种社交景观,通过和睦友好的办公氛围,将员工们引入一个有共同目标的团体中,并且"激活"办公工作的社会属性,提高员工的办公效率,适应办公工作的新的发展方向。

↑ 办公空间考虑社会性因素,为员工营造宽松愉悦的办公环境。

❹ 高效性

高效是现代办公室人员的普遍追求,在一个漂亮、高效的工作环境工作是每个普通人的理想。所以在进行设计时必须得体现出公司的高效,以此激发员工的自豪感和使命感。

↑ 员工在相对开放的环境中办公,交流协作性较强,有助于提高工作效率。

知识扩展 轻松休闲的办公环境是对员工的一种人文关怀,办公空间的设计除了利用"以人为本"的功能设施外,舒适的办公环境可以让员工在工作时更加轻松、更富有激情,甚至能够激发思维,进而更高效地完成工作。

公共空间设计 **08**

↑ 上图中的空间自然光线利用得比较好，为了防止两个人办公区域的互相干扰，设置了隔断，使两部分空间既有分割又有联系。

❺ 考虑现代化技术应用

随着智能型大楼不断地产生，其大楼内的空调技术、照明技术、地板工程、噪音防治、电脑微路设计及设备管理的观念等方面的发展越来越迅速。例如照明设备，在以往并不受重视，但现在已演变成自动化控制的照明系统，可以随天气的好坏自动开关照明系统，使办公室的设备更接近人性化的要求。而且这类智能型大楼可以节约很多能源。

❻ 重视办公环境心理要素

重视办公心理环境是社会发展的必然要求，也是室内设计师所应肩负的责任。影响室内办公人员心理感受的因素很多，如室内空间的大小和形状，采光照明和界面选材所形成的光色氛围，家具、办公设施的形状、材质、色彩以及与身体接触时的感受等。

办公人员和工作组团的组织安排时，家具、挡板的布置，既需要考虑个人的私密性和领域心理要求，又要注意人员之间人际交往的合理距离，合理的环境常会给办公人员带来愉悦的心理感受；另外，一定比例的自然光、室内绿色植物、家具中适当配置木质材质，以及透过窗户映现的天空和自然景色，常给室内人们带来亲切、自然、轻松，能与环境沟通的感受。

↑ 福满迪雅尔丹建筑师紧密合作，与它的客户，能源公司ENECO，创造一种环境，激发员工的创造力和舒适。中庭提供自然光，员工在舒适的环境办公。

任务二 办公空间设计要点

1 掌握工作流程关系以及功能空间的需求

办公室是由各个既关联又具有一定独立性的功能空间所构成的,而办公单位的性质不同又带来功能空间的设置不同,这就要求设计师在构想前要充分调查了解该办公环境的工作流程关系以及功能空间的需求和设置规律,这有利于设计的因地制宜及目标的建立。

↑ 上图办公空间,工作流程呈直线,避免倒退、交叉与不必要的文书移动。相关的部门,应置于相邻的地点,使性质相同的工作便于联系。

2 确定各类用房的大致布局和面积分配比例

设计师需要根据办公室空间的使用性质、建筑规模和相应标准来确定各类用房的大致布局和面积分配比例,既应从现实需要出发,又适当考虑功能、设施等在日后变化时进行调整的可能性。

↑ 上图此面积分配为门厅、接待室、会议室、资料室、设备间及各级领导的办公空间。

3 确定出入口和主通道的大致位置和关系

办公室空间的入口是进入办公空间的前奏曲,是办公空间序列组织中的起点和有机组成部分。一般来说,对外联系较为密切的部分靠近出入口或主通道,不同功能的出入口尽可能单独设置，以免相互干扰。办公空间入口大厅起着组织交通流线，使不同人流有序流动的作用，是这个办公空间的交通枢纽。

⬆ 上图大厅在空间围合方式上较好地注意室内外空间的交融，恰当地处理了虚实关系，使面积有限的大厅能在视觉上得到延伸并增添大厅的独特空间氛围。

❹ 把握空间尺度

办公空间尺度直接影响到空间给人的感受。在可能的条件下，综合考虑材料、结构、技术、经济、社会、文化等问题后，做办公室装修设计时应选择一个最合理的比例和尺度，以适合人们心理与生理两方面的需要。办公室空间尺度分为两种类型，一种是整体尺度，室内空间各要素之间的比例尺寸关系。另一种是人体尺度，人体尺寸与空间的比例关系。

⬆ 上图合理有效地把握了办公空间的尺度以及比例关系对室内空间的造型关系。尺度感不仅体现在空间的大小上，也体现在许多细部的处理上，如室内构件的大小、空间的色彩、图案、门窗开洞的形状、位置等。

对比分析

人们对办公空间的需求不仅仅是停留在物质条件上，对于安全性、个人领域空间权和私密性等精神上的环境条件需求也越来越强烈。因此在空间设计中应注入人性化色彩。下面将根据具体实例分析办公空间。

对比点2——
缺少适当的装饰
墙面大面积没有装饰，显得空间过于呆板。

对比点1——
墙面颜色过重
会议室空间应体现冷静的氛围，墙面黑色过重，显得空间压抑。

或许，这样设计更好……

解决1——
将墙面贴淡色条纹壁纸装饰，显得空间干净利落。

解决2——
将会议室墙面放上装饰画，体现宁静思考的空间氛围。

改变墙面的颜色和质感

添加墙面装饰画

配图参考

8.2 餐饮空间设计

随着社会的发展和生活水平的提高，人们的生活方式和观念也在发生变化，餐饮空间不仅仅是饮食场所，人们更加注重其在文化、情感交流上的作用。

学习情景	香山饭店设计分析
工作任务	任务一：餐饮空间设计要点 任务二：餐饮空间界面设计要素
任务导入	学习情景中选用著名建筑香山饭店进行讲解，中国传统园林设计元素与现代设计理念的完美结合，功能、气氛、格调和美感高度统一，感受大师的设计精髓。

学习情景：香山饭店设计分析

贝律铭设计的香山饭店，只用了白、灰、黄褐三种颜色，室内、室外都和谐、高雅。因为重复运用了正方形和圆形两种图形，产生了韵律感，给人留下了深刻的印象。

描述1
背景的处理
景中有人，人中有景，人与自然融为一体，窗外的香山已成为房间的一部分，身处其中，与自然融合。

描述2
独特的大堂空间
为了突出版面中四角处的文字和图形设计，背景运用淡雅的黄色调，平填的方式令中央图案更显突出。

描述3
几何图形的重复运用
重复使用两种最简单的几何图形，主要利用正方形和菱形，只有重复才可能产生韵律。

描述4
色彩的搭配
只用三种颜色，白色是主调，灰色是仅次于白色的中间色调，黄褐色用作小面积点缀性，十分统一，和谐高雅。

❶ 背景的处理
❷ 独特的大堂空间
❸ 几何图形的重复运用
❹ 色彩的搭配

任务一 餐饮空间设计要点

1. 满足功能的内容设计要点

①门面出入口功能区是餐厅的第一形象,最引人注目,容易给人留下深刻的印象。

↑ 上图餐饮空间入口处,形成一个大厅,大厅中比较引人注目的是中央景观,还有用柱子围合的大厅空间,宽敞明亮。

②接待区和候餐功能区是承担迎接顾客、休息等候及用餐的"过渡"的部分。一般设在用餐功能区的前面或者附近,面积不宜过大,但要精致,设计时要恰如其分,不要过于繁杂,以营造成一个放松、安静、休闲、情趣、观赏、文化的候餐环境。

③用餐功能区是主题餐饮空间的经营主体区,也是顾客到店的目的功能区,是设计的重点,包括餐厅室内空间的尺度,分布规划的流畅,功能的布置使用,家具的尺寸和环境的舒适等。

④配套功能区是主题餐饮空间的服务区域,也是主题餐厅档次的象征。主题餐厅的配套设施设计是不应忽视的。

⑤服务功能区是主题餐饮空间的主要功能区,主要为顾客提供用餐服务和营业中的各种服务的功能。

⑥厨房的工作空间非常重要,一般的餐厅制作功能区的面积与营业面积比为3:7左右为佳。

↑ 上图用餐空间功能配套齐全,人流走向明晰,通道宽敞。

公共空间设计 08

2 满足主题内容的设计要点

餐厅内空间的主题营造，就是在室内餐饮环境中，为表达某种主题含义或突出某种要素进行的理性的设计，有助于把餐饮环境的氛围上升到完美的精神层面，有助于室内设计风格的形成。

↑ 上图恐龙餐厅里面表现的是侏罗纪时期的风貌。

任务二 餐饮空间界面设计要素

界面设计是餐厅空间设计的重要内容，界面是由各种实体围合和限定的，包括顶棚、地面、墙体和隔断等部分。

1 餐厅顶棚界面设计

顶棚界定餐厅空间层高，不同的层高影响着空间的不同形态以及明确相互之间的关系，可以把许许多多凌乱的空间联系起来，形成整体的格局。在顶棚界面设计中，有诸多的因素需要考虑，包括顶棚的照明系统、报警系统、消防系统等。除了解决技术性的问题外，不能忽视顶棚界面的高低，因为它带给人们的心理感受是不同的。

↑ 上图营造了一个高品质的、轻松的就餐环境。棚面采用木质吊顶，与地面木地板相呼应，营造了一个具有东方风情的、高雅宜人的就餐氛围。

145

❷ 餐厅地面界面设计

地面界面承载着餐厅空间里绝大多数的内容，要解决餐厅平面的形状、大小、设施和几个通道具体的位置、陈设以及绿化的计划、人流通道、家具、设备等问题，它包含了人们的一切就餐、生产和管理活动。通过地面界面的设计还可以改变人们的空间概念，影响人们的行为方式，从而建立起空间的秩序、空间的流程和空间的主从关系。

↑ 上图地面采用白色和黑色大理石拼接而成，有很好的视觉导向作用，同时又根据餐桌的摆放划分了区域。

❸ 餐厅墙面界面设计

墙体作为空间里垂直的界面形式，在餐厅空间里起着重要作用。可利用墙体界面来进行空间的分隔与空间的联系。分隔方式决定空间彼此之间的联系程度，同时也可以创造出不同的感受、情趣和意境，从而影响着人们的情绪。

↑ 上图使用冷色系搭配墙面仿旧大理石，显现出地中海风格情调，突显了异乡风情的色彩，给就餐者带来更加舒适的享受。

餐厅空间墙体界面设计有许多种方法，作为一个设计师应该好好地把握墙体界面的设计语言。墙体界面的设计方法包括餐厅空间墙体的表达方法、家具陈设的立面表达方法、装饰造型的表达方法、装饰材料的表达方法。餐厅空间墙体的表达方法是多种多样的，可根据餐厅空间的要求和心理空间的要求来选择和利用。可以是固定空间和可变空间，也可以是静态空间和动态空间。

公共空间设计 08

对比分析

餐饮空间环境气氛的营造，以达到增进食欲的效果，营造温馨浪漫的情调，使整个环境富有层次变化为目的。我们一起分析一下下面作品。

对比点2——
棚面层次感不明显
棚面用白色，由于棚面面积过大，层次感不明显。

对比点1——
棚面大面积黑色，显得压抑
棚面大面积的黑色，颜色过于浓重，显得很压抑。

或许，这样设计更好……

解决1——
棚面换成白色，使得整个空间明亮。

解决2——
过梁用木质包，空间较有层次感，与墙面木质造型也有很好的呼应。

运用白色
过梁用木质

配图参考

8.3 展示空间设计

通过对展示空间和环境的重新创造，采用一定的视觉传达手段和造型方式，借助一定的道具设施，将一定量的信息和宣传内容展现在公众面前，以期对观者的心理、思想与行为产生一定影响，达到传达、展示、招引等目的。

学习情景	风格特征明显的设计
工作任务	任务一：展示空间设计的处理方法 任务二：展示道具设计 任务三：展示设计的原则
任务导入	通过对"未来的花朵"展示空间进行分析，激发学生对展示空间设计的兴趣，能围绕自己展示的目标调动各种艺术的、科学的、技术的手段，创造最佳的展示空间。

描述1
主题突出
主题为"未来的花朵"，寓意儿童是世界的未来。形状设为圆形，对花朵进行抽象设计，营造一种含苞待放的动势。

描述2
展柜的设计
外形也来源于对大自然花朵的抽象设计，增加趣味性，展柜的高度符合大部分儿童身高，圆角设计，保护儿童安全。

描述3
色彩的搭配
在色彩上主要由白色、绿色、黄色、红色搭配使用，支撑物是叶子的抽象形态所以用绿色装饰，支撑隔板上的展示阁使用白色。

描述4
细部的设计
展厅门口处的咨询台的高度比一般咨询台矮，目的为了更好地与儿童沟通；环形座椅，提供更好的交流空间。

学习情景：风格特征明显的设计

在本展示设计中，设计师充分考虑展品，以一种充满趣味性的展示效果，促使观者产生出一种较为愉悦的心理反应。

① 主题突出
② 展柜的设计
③ 色彩的搭配
④ 细部的设计

公共空间设计

任务一　展示空间设计的处理方法

展示设计的目的与展示功能的最终实现，是以占据一定场所空间为先决条件，并借助于实物陈列、版面、灯光、道具、音像、色彩等综合媒体有效地来传递信息，故展示空间设计实属人为环境创造的活动之一。

↑ 上图展示设计作品为了突出展示的主题，采用竖向抑扬空间法，物体竖向距离越高，水平观览距离就越远，吸引远处的参观者，达到吸引观者的目的，合理地调配空间高低、上下等体量要素。

1 体量与比例

展示空间的体量大小由其使用功能决定。在展示空间设计时，其展馆空间的绝对高度一般都较高，以适应不同性质的展览的需要。

展示空间的体量组合而成不同的展示空间部分，将可以利用的各要素在形状方面的差异性体现出来。在体量设计中，巧妙地应用直线和曲线对比，可以丰富展示空间。运用体量对比来突出空间的特点是最常用的空间处理手法。相连的两个空间，若体量相差悬殊，当由小空间进入大空间时，可借体量对比使人的精神为之一振。

展示设计的比例关系就是改变现有常规尺度下的物体以达到奇特的视觉效果。当然，空间的比例关系处理得不当也会产生问题，如造成参观者的不舒适或参观者忽略或不愿意观看展品等。

↑ 该展示空间采用适合的比例关系，人和展品、人和环境、展品与环境的比例得当，让人从视觉上能感受到尺寸，空间比例的和谐。整体框架加高，与参观者之间产生了比例上的强烈反差，从而令人产生深刻的印象。

❷ 封闭与通透

在展示空间中,封闭与通透是相辅相成的,闭而不透的空间会使人感到压抑,透而不闭的空间则过多地淡化了空间感。封闭空间是空间的最原始状态。通透空间的灵活性较大,二者结合运用,能强调与空间的交流、渗透。

⬆ 在上图作品中,封闭与通透手法的运用,具有很强的流动性和很高的趣味性。利用展板把空间进行一定的封闭,既起到传达信息的作用,又对空间进行有效的划分。

❸ 分隔与联系

空间的分隔与联系也是相对的。要采取什么分隔方式,既要根据空间的特点和功能的使用要求,又要考虑到空间的艺术特点和人的心理要求。至于空间的联系,就要看空间限定的程度,同样的目的可以有不同的限定手法;同样的手法也可以有不同的限定程度。空间的分隔和联系不单是一个技术问题,也是一个艺术问题,除了从功能使用要求来考虑空间的分隔和联系外,对分隔和联系的处理,如它的形式、组织、比例、方向、线条、构成以及整体布局等,都对整个空间设计效果有着重要的意义,反映出设计的特色和风格。良好的风格总是虚实得宜,构成有序,自成体系。

⬆ 该空间采用展板、展台等构件对空间进行有效的分隔,以满足艺术上和展出上的需求,空间相对独立,用曲径通道将这几部分联系起来。被分隔的空间彼此视线通透,有的隔断观众还可以穿过,使观众感到空间富有层次感和变化,可以增强参观的兴致,引人入胜。

 知识扩展 在具体设计计划实施之前,应全面、周密地考虑以下几个问题:第一是安全问题;第二是展品的摆放要符合科学性与逻辑性,避免杂乱无章;第三是在设计时应预先想到展览会中可能出现的精彩场面。

公共空间设计

④ 重复与再现

在一个连续变化的空间序列中，同一形式的空间如果连续多次或有规律地重复出现，可以形成一种空间节奏感，并能有效地保持空间秩序的完整性。

↑ 在该展示空间中，连续多次有规律地重复出现各色线条，形成了一种韵律节奏感。这是有意识地选择同一种形式的空间作为基本单元，从而获得统一变化的效果。

⑤ 衔接与过渡

主要的空间进行组合时一般采用插入一个过渡性的空间连接，这样可以避免空间直白地出现，对人产生过于生硬和突然的感受。

↑ 中石油综合展示区分为勘探与生产、炼油与销售、化工与销售、天然气与管道四个部分。本案把四部分进行很好的衔接，用统一的形式表现出一个现代化国际型贸易公司的企业形象。

过渡性空间没有具体的功能要求，它应当尽可能小一些、低一些、暗一些，只有这样，才能充分发挥它在空间处理中的作用。过渡空间设置不可生硬。两个大空间之间插进一个过渡性空间，它能够像音乐中的休止符或语言文字中的标点符号一样，使之段落分明并具有抑扬顿挫的节奏感。

任务二 展示道具设计

展示道具是展示活动中使用的器具，是展示空间的重要构成部分。展示道具的设计取决于展示的风格、展示的性质、展品的特点、陈列的方式。展示道具设计应该充分考虑场外定制的方便性、撤展的快捷性以及最低的损坏率。

❶ 展架

展架是作为吊挂、承托展板，或拼连组成展台、展柜及其他形式的支撑骨架器械，也可以用它作为直接构成隔断、顶棚及其他复杂的立体造型的器械，是现代展示活动中用途最广的道具之一，现在主要以拆装式和伸缩式的展架系列为主。

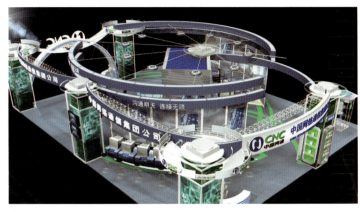

⬆ 在本设计中，展示设计空间主体由展架搭接而成，整个空间比较轻盈，能够体现出中国网通高效、快捷的特点。

❷ 展柜

展柜是保护和突出贵重展品的道具。按照展示方式分为单面展柜、多面展柜、橱窗景箱、灯片灯箱等。一般常用的装配式展柜，多用铝合金或不锈钢型材制成。垂直与水平构件上有槽沟，可插玻璃；也有的用弹簧钢卡夹装玻璃。展柜如果是放置在展厅中央，则四周都需要装玻璃，成为多面展柜；如果放置在墙边，则需要一边装背板。高展柜的顶部还可装置照明设施，而低展柜也可在底部安装照明设施。

⬆ 在这两幅图中很好地利用了展柜来陈列展品。展柜的造型应基本统一，目的是为了制造一个整齐、有秩序的环境，提供适合购物的良好气氛。

知识扩展　展示道具设计必须遵循以下五条原则：1. 必须符合人体工程学的要求；2. 要能拆装或组合，可以增加展示的魅力，同时可以节省运输与储存空间；3. 要安全可靠，要选用坚固耐用的材料；4. 展具外表要乌光化，主要是避免眩光的产生；5. 展具要轻量化。

③ 展台

展台类道具是承托展品实物、模型、沙盘和其他装饰物的用具。大型的实物展台，除了用拆装式的组合展架构成之外，还可以用标准化制作的小展台组合而成。小型的展台可设计为简洁的几何形体，或其他按一定模数变化尺寸构成的各种有型或异型形体。展台的种类按其用途可分实用型和装饰型两类。根据其造型形式可分为台座类、积木类套箱类、书写台类和支架类等。若根据制作材料与工艺又可分为木制类、金属类、有机玻璃类和综合类等。

↑ 整个展台设计的形象要吸引游客的注意，展台上放置展品，人流走向主要是环绕式走向，展台的形式能够很好突出展品，展台根据展品的大小制作。

④ 展板

展板是主要展示文图内容版面和分隔室内空间的平面道具。展示版面所用的展板，大多是与标准化的系列展架道具相配合的，也有些是按展示空间的具体尺寸而专门设计制作的，分为规范化展板和自由式展板两种形式。

↑ 上图中展板版面边框长与宽、文字图片等内容与版面的面积、文字与图片之间的比例关系比较协调，因此获得良好的版面视觉效果。

展板版面的设计，首先应考虑整个展示活动的性质、特点和展出的形式风格，应在总体设计思想的统一指导下进行组织策划。要研究视觉传达中点、线、面的特质及在版面中图、文相互的组织关系与构成规律，做到与整个展出空间环境、陈列形式协调一致。

> **知识扩展**　展示道具选用的原则：以定型的标准化、系统化为主，以特殊设计为辅；以组合式、拆装式为主，以便于任意组合、变化，方便包装、运输和贮存；结构要坚固可靠、加工方便、安全可靠；以人为本；使用环保的、可循环利用的、安全的道具构件。

任务三 展示设计的原则

❶ 激发参观者兴趣

在展示设计时，应注意以下几个方面，可激发参观者兴趣，引导参观者行为。观展行为特征，秩序特性：观展行为依据展示空间秩序和展示序列的安排表现出来时间的规律性和一定的倾向性。

↑ 本次会展的主题—同心圆。展示的是海尔A20笔记本电脑，以圆弧为主要元素，客流走向是自由的，可以根据室内的路线图来参观。

观展行为是一种行为状态对客观环境的刺激作用的反应。流动特性：行为的流动导致展示空间流程。流动途径、流动方向选择；分布特性：人在展厅中的空间密集度不等。人们观展行为习性有新奇性、渐进性、抄近路、向左拐和向右看。向光性：足够亮度、避免眩光、背景暗、高侧光和顶光。

突出主题思想；激发参观兴趣，突出主题思想，内容脉络清晰；强调展示之美；以艺术的手段表现展示设计的内涵。

❷ 强化视觉效果

以简洁的展示手段，通俗易懂地表达深刻的思想内涵；静态陈列与动态演示相结合，以"静"为主，以"动"为辅；通过多种技术手段使静态画面动态化，起到"画龙点睛"的作用；动态演示自动化，无须观众动手操作，展示结果可迅速直观地传达给观众。

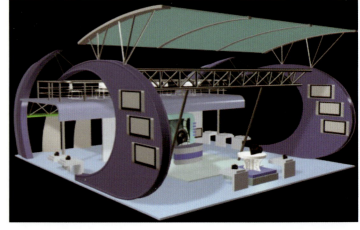

↑ 这个照相机展厅造型的灵感来源于胶卷和眼睛，是根据胶卷和眼睛的外形抽象变形而来。为了吸引消费者的目光，在展厅的正前方的中间设计了一个展台，用来放被放大的照相机模型，在展厅有人流通过的两侧也增加了展台，让有兴趣的消费者不会错过这个展厅，也同时给目前不买但有购买意向的消费者留下印象。

❸ 突出展示展品

展品是展示空间的主角，以最有效的场所位置向观众呈现展品是划分空间的首要目的。逻辑地设计展示的秩序、编排展示的计划、对展区的合理分配是利用空间达到最佳展示效果的前提。

因此，设计中必须将空间问题与展示的内容结合起来进行考虑，不同的展示内容有与之相对应的展示形式和空间划分。如商业性质的展示活动要求场地较为开阔，空间与空间之间相互渗透以便互动交流，展品的位置要显眼，对于那些展示视觉中心点，如声、光、电、动态及模拟仿真等展示形式，要给以充分的、突出的展示空间以增强对人的视觉冲击，给观众留下深刻的印象。总之，给展品以合理的位置是展示空间规划首要考虑的问题，也是能否做成一个成功的展示设计的关键。

↑ 该展示设计遵循突出展品的原则，展台设计在展厅的中央，方便参观者观看。

❹ 保证展示环境的辅助空间和整个空间的安全性

在空间设计的过程中，观众的需求是第一位的，所以必须重视展示空间的安全性。如参观流线的安排必须设想到各种可能发生的意外因素，如停电、火警、意外灾害等，必须考虑到相应的应急措施。在大型的展示活动中，必须有足够的疏散通道和应急指示标志、应急照明系统等。为了给观众提供方便，展示的空间设计中要相应地考虑到观众的通行、休息的方便，尽可能地考虑到伤残者的特殊需求，以谋求"无障碍"设计，这也是现代展示设计发展的一个趋向。

↑ 以上两幅平面设计均考虑了参观者的安全性，前者运用了大厅式路线，利用大厅综合展出或灵活分隔小空间，布局紧凑，灵活；后者虽然运用了半封闭半敞开式来围合空间，但通道足够宽敞。

8.4 商业空间设计

合理的布局与搭配可以更好地组织人流、活跃整个空间、增加各种商品售出的可能性。在设计中,多样手法来诱导顾客的视线,使其自然注视商品及展示信息,收拢其视线,从而激发他们的购物欲望。

学习情景	卖场空间设计分析
工作任务	任务一:商业空间设计的原则 任务二:商店卖场的设计理念
任务导入	选用卖场空间设计,通过该图的分析,深入了解商业空间的设计方法,为掌握商业购物空间装饰设计做好铺垫。

描述1
符合购物心理需求
为消费者提供最适宜的环境条件和最便利的服务设施,方便地参观选购商品,从而扩大商品的销售量。

描述2
商场的地面
地面应考虑防滑、耐磨、易清洁等要求,保持地面通畅、简洁。

描述3
陈列方式
该空间中采用情景式陈列。创造被顾客所接受的舒适、愉悦的购物环境。

描述4
商场环境
让顾客在一个环境优雅的商场里,情绪舒畅、轻松,同时激起顾客的认同心理和消费冲动。

学习情景:卖场空间设计分析

商场室内环境的塑造,就是为顾客创造与时代特征相统一、符合顾客心理行为,充分体现舒适感、安全感和品味感的消费场所。

❶ 符合购物心理需求
❷ 商场的地面
❸ 陈列方式
❹ 商场环境

公共空间设计 08

任务一 商业空间设计的原则

❶ 突出设计主题

设计主题是构成任何设计的基础,主题突出将提升品牌形象。表达明确的主题,传达明确的信息。主题是希望传达给参观者的基本信息和印象,通常是商品。表达明确的主题从一方面看就是使用焦点,从另一方面看就是使用合适的色彩、图表和布置,用协调一致的方式以造成统一的印象。

⬆ 该空间强调品牌意识,提高顾客的注意力及空间的商业气氛,更重要的是它能吸引品牌消费对象的注意力,创造一种意境,给消费者留下深刻的印象。

⬆ 该空间为灯具商场的通道,出入口安排在动线终端,尽可能延长购物中心的人流通过线;良好的客流动线,使消费者在行进路线上和视线范围内看到商品。

❷ 动线明晰的原则

商业空间的人流路线设定应根据其本身的功能分区、结构顺序和经营特点而定。理想的流动路线设定应具有明确的引导性,短而便捷的构成形式以及舒畅的临场感。空间中应划分出主通道、次通道和聚散区域。在进行动线设计时使动线呈"回"字型闭合,使消费者在卖场能自由流动,到达商场的每一个店铺或专柜,起到客流的均好性,避免产生断头动线和出现盲区、死角。

知识扩展 商场照明方式上,要采用人工照明采光为主,以自然光为辅的照明方式,注重能源的合理使用。尽量采用空调来调节温度和通风,如果引自然风使用,便于日常管理。装饰设计时要注意建筑设置的防火疏散口;要设置引导牌。

157

3 营造轻松的购物环境

当人们已经不满足于单纯的购物活动时，更要求商业环境具备较强的观赏价值和休闲娱乐功能，因此从功能到各类设施的配套均应满足顾客的需要。此外还可以通过造型、色彩、装饰、照明、听觉等各类要素营造"轻松购物"的现代消费理念。创造为顾客所接受的舒适、愉悦的购物环境。

↑ 通过该橱窗的设计，能看出该空间营造出轻松、惬意的空间购物环境。

4 突出焦点

商业空间应有中心、有焦点。焦点选择应服务于展出目的，一般会是特别的产品、新产品、最重要的产品或者最被看重的产品。通过位置、布置、灯光等手段突出重点展品。咨询台也可以是焦点。为产生最大的展示效果，应设计布置焦点，但是焦点不可过多，通常只设一个。焦点过多容易分散参观者的注意，减弱整体印象，可以通过单独陈列、利用射灯等手段突出、强调重点展品。

↑ 恰当地运用色彩和灯光，调整好商品与背景环境的色彩及灯光关系，突出商品的视觉冲击力，并对烘托空间氛围起到积极的作用。

公共空间设计

⑤ 建立醒目标志

与众不同的商业空间设计能吸引更多的参观者，使参观者更容易识别寻找，使未走进其中的参观者也会留下印象。设计要独特，但是不要脱离展出目标和商业形象。

↑ 设置品牌及导向标志以起到引导人流的作用。以消费者需求为导向，营造一个作用于消费者的视觉、听觉、触觉等全方位感知的环境。

任务二　商店卖场的设计理念

商场地面、墙面和顶棚是主要界面，其处理应从整体出发，烘托氛围，突出商品，形成良好的购物环境。

① 注重顾客导向性

商店卖场设计与消费者心理是有着密切联系的。人的心理现象是多种多样的，但归纳起来可分为心理过程认识、感情和意志，个性心理包括个性的心理倾向性及个性的心理特征两大类。每个人在任何时候所产生的心理活动，都是这两类心理现象许多部分的参与与结合形成整体的心理活动，相互联系、相互作用的结果。

↑ 用橱窗吸引顾客、指导购物。艺术形象展示，吸引顾客并使其进入店内就产生强烈的购买欲望。

❷ 注重消费者参观、浏览商店的特点及消费心理

售货现场的布置与设计，应以便利消费者参观与选购商品、便于展示和出售商品为前提。售货现场是由若干不同商品种类的柜组组成的。售货现场的布置和设计就是要合理摆布各类商品柜组在卖场内的位置。

↑ 要针对消费者求实的购买心理，通过情景展示突出商品显示效果，从而吸引消费者参观选购，刺激消费者的购买欲望。

❸ 流动空间的设计原则

流动性设计能打破卖场内拘谨、呆板的静态格局，增强卖场的活力，活跃卖场气氛，激发顾客的购买欲望及行为。流动空间的设计应注意卖场形象设计的具体表现，它是商店卖场经营者根据自身的经营范围和品种、经营特色、建筑结构、环境条件、顾客消费心理、管理模式等因素确定企业的理念信条或经营主题。

↑ 该空间的设计，打破呆板的格局，采用流线型设计，活跃了空间气氛。

公共空间设计

对比分析

商业空间设计，有针对性地采取各种相应的措施，创造良好的购买环境，促进购买环节的良性发展。下面一起看一下商场的设计。

对比点2——
沙发色彩不符合空间色调
红色调的沙发不符合整体空间的氛围。在本空间里太跳跃了。

对比点1——
缺少光源
展区内空间的棚面缺少光源，不仅照度不够，且不能突出商品，空间气氛也差。

或许，这样设计更好……

解决1——
棚面均匀的分布光源，不但满足了基础照明，还在空间中起到装饰的作用。

解决2——
将沙发的色彩设置成黑色，与整体空间黑色和白色搭配，体现该空间的特点。

布置光源

沙发色彩与空间色彩协调

配图参考

8.5 娱乐空间设计

娱乐空间就是人们工作之余去的场所，是人们聚会、用餐、欣赏表演、放松身心和情感交流的场所。以其轻松惬意、灵活自由的形式成为人们交流聚会、休闲放松的重要场所。

学习情景	酒吧设计分析
工作任务	任务一：娱乐空间的布局 任务二：娱乐空间的设计要点
任务导入	选用酒吧设计的作品，通过对设计手法的综合运用，深入娱乐空间设计的要点，提高设计实践中把握营造独特室内艺术气氛的能力。

描述1
设计主题
设计主题选取的是以夜色作为空间感觉，更显深邃和高远。流露出的是一种对内心释放的强大动力。

描述2
空间材料的运用
空间材料运用较为自由，主要选取塑造性较强的PVC、铝合金扣板和轻钢龙骨配合石膏板基层。

描述3
色彩的搭配
从外部淡淡的主体颜色以及主色调，往里面走渐渐变为紧凑的冷色调蓝白，与背景墙形成鲜明的对比。

描述4
视觉效果
从进门到中央有一种收紧的感觉。通过色彩的变化和整个空间造型的变换，达到了一种越往里面走，越有一种紧张紧凑感，为下一步进入中央大厅做好铺垫。

学习情景：酒吧设计分析

本酒吧主题选定在了星空的幻象中。将主体色调选定为代表夜空的蓝紫色。个性鲜明，综合运用各种造型手段，对消费者有刺激性和吸引力，容易激起消费者的热情。

❶ 设计主题
❷ 空间材料的运用
❸ 色彩的搭配
❹ 视觉效果

公共空间设计 08

任务一　娱乐空间的布局

娱乐设计对功能、风格，一些智能化、安全性，一些空间的气场等各方面有一定的要求。娱乐空间的装饰处理需要有独特的风格，往往风格独特的娱乐空间能让顾客有新奇感，可吸引顾客的兴趣并激发其参与欲望。

↑ 地面与棚面空间形态相呼应，来烘托娱乐空间的气氛。

1 娱乐形式决定空间形态和装饰手法

在娱乐空间中，装饰手法和空间形态的运用取决于娱乐的形式，总体布局和流线分布也应围绕娱乐活动的顺序展开。气氛的表达往往是娱乐空间的设计要点，娱乐空间的照明系统应提供好的照明条件，并发挥其艺术效果，以渲染气氛。在有视听要求的娱乐空间内应进行相应的声学处理，而且应注意将声学和美学有机地结合起来。

2 确保娱乐活动安全地进行

娱乐空间中的交通组织应利于安全疏导，通道、安全门等都应符合相应的防灾要求。所有电器、电源、电线都应采取相应的措施保证安全。应进行隔音处理，防止对周边环境造成噪声污染，符合相应的隔声设计规范。

↑ 上图设计中主要采用的也都是传统的施工工艺。隔音墙、吸音吊顶等，从而更好地达到让顾客感受到家一样的感觉。

↑ 上图吧台的设计，营造轻松自在的空间环境，酒吧环境中的光经过设计者的精心构思，技术性结合艺术性，并融合光的实用功能、美学功能及精神功能为一体。

3 用独特的风格吸引消费者

娱乐空间的装饰处理需要有独特的风格，往往风格独特的娱乐空间能让顾客有新奇感，可引起顾客的兴趣并激发其参与欲望，独特的风格甚至能成为娱乐空间的卖点，并带来超前的视觉震撼效果。

任务二 娱乐空间的设计要点

娱乐空间设计应具有良好的视听条件，创造良好的艺术氛围。建立安全的空间环境，得心应手的活动设施，舒适惬意的家具，安全方便的空间组织，是营造高品质空间环境的基础。

1 设计手法的灵活运用

设计追求创新性、独特性，创造良好的艺术氛围。在空间组织时避免轴线式序列，在界面造型避免对称式构图。

⬆ 上图自由灵活的空间布局，棚面的不规则图案，室内运用多种材料，营造独特自由的娱乐空间。

2 光的运用

良好的布光设计可以让人精神振奋，而且还能开阔思维、启迪新思想。由于娱乐场所照明要营造一种特殊的效果，因此灯具以圆形为最佳，取其圆满之意。灯光宜选择带暖色调的光，给人一种温馨怡人的感觉，一般设置一个主灯在天花板的正中，然后设置一些辅助灯光，切记不要让灯光照亮整个空间，这样就没有光与影的变化，不能营造气氛。

⬆ 该空间光经过设计者的精心构思，技术性结合艺术性，并融合光的实用功能、美学功能及精神功能为一体，可使酒吧环境更好地适应人们的行为和心理需求。

3 注意材料的选用

新型材料不断出现，这些材料的使用增添了空间的新意，其中包括各式金属材料，如不锈钢、铝板、各色金属漆等；各式工艺玻璃，如爆裂玻璃、压花玻璃、水纹玻璃、镭射玻璃等；各式幻彩涂料，如仿石漆，还可以使用自然特性材料，如娱乐休闲空间应给人轻松惬意的感觉。

⬆ 上图空间营造出不同人喜欢的不同效果，金属与皮质结合，把每一片区域不同的气氛都映射出来。

公共空间设计

动手做

制作手绘效果图

通过公共空间设计的基本法则和规律，培养学生独立完成各类公共空间室内设计任务的能力，加强对相关知识的理解。

看看都使用了哪些构成元素？

有层次的棚面

不规则的隔断

餐桌椅

吧凳、地面

请试着这样做——室内设计是这样制作出来的

STEP 1
建立餐厅的框架

建立起餐厅的大体框架，地面、墙面、棚面及隔断。

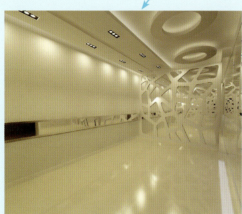

STEP 2
添加棚面造型

棚面造型细节，添加棚面上的灯具。

STEP 3
添加背景

添加空间背景图案，增加空间气氛。

STEP 4
添加棚面吊灯

各个界面空间处理比较得当，使得空间感极强，空间氛围较好。

公共空间设计 08

STEP 5
添加座椅
座椅位置合理利用了空间，功能性很强，也体现出快捷酒店过厅的特色。

STEP 6
添加桌子与吧台
添加桌子与吧台，合理利用空间，增加空间气氛。

STEP 7
最后完成作品
各个界面空间处理比较得当，使得空间感极强，空间氛围较好。

课后实践练习

茶楼设计

（作者任斌、指导教师刘巍）

设计理念为在传统的茶馆风格中，增加西式元素，包厢采用原汁原味的木纹理，自然木头等工艺材料，让心境直接回到纯朴的年代，少些铅华世界，品茶品境界。

POINT，01 包房1

天然的纹理效果更亲近自然，墙面中国象棋的设计更是一个点睛之笔。

POINT，02 包房2

整套方案采用暖色系搭配，墙纸中式文字的搭配也是暖色系的。

POINT，03 包房3

采用木头的基本纹理，这样更体现自然美，返璞归真。

POINT，04 大堂一角

大堂的吊顶采用原吊顶，没有加任何的装饰，原本格子的形状与回形格相呼应。

课后实践练习

设计特色

中国的茶文化博大精深，点一杯清淡的茶，与茶友谈闲，借一缕茗香，营造一方安稳平静，制造一个修身养性、品茗的茶室。

POINT,05 大堂一角

大堂的整体色调采用稳重的色彩，地台的设计使空间层次感极强。

POINT,06 门厅

门厅景观的设计手法是把室外的装饰手法引用到室内装饰上，效果很好。

POINT,07 大堂造型设计

中式风格能很好地表达本方案的整体效果。

POINT,08 大堂中间卡台

红木家具，意象悠远的水墨山水画，渲染出古色古香的浓重气氛。

课后实践练习

商场设计

(作者于丽丽、指导教师何靖泉)

该套作品是商场设计。本案设计者充分考虑商场的功能,分区明确,布局合理,动线分析明确。

POINT , 01 商场一层天花图

通过天花图,能看出分区明确。

POINT , 02 商场一层人流走向图

通过红色动线分析,人流走向比较明确。

POINT , 03 女装区

女装区分区明确,通道宽敞,适合女装陈列。

POINT , 04 男装区

男装区用直线条,体现出刚劲的特色。

课后实践练习

设计特色

该套作品是商场设计案例，本案最大的特点是运用了回字纹这一中国古典吉祥符号，运用传统符号，并加以提炼，形成了本商场独特的装饰语言。

POINT , 05 VIP客户服务中心

客服中心敞开式设计，简洁大方。

POINT , 06 商场电梯口

电梯处几何形式的棚面，体现现代气息。

POINT , 07 商场总服务台

总服务台柜台设计统领商场现代风格。

POINT , 08 商场卫生间

卫生间的设计体现现代风格。

课后实践练习

POINT , 09 大中庭俯视图

设计特点

本商场设计符号统一，还用了传统符号，保持了很好的设计连续性，商场设计通透，人流路线明晰。

POINT , 10 大中庭效果图

大中庭设计简洁大方，仍然利用回形纹这个设计元素，通透的大厅让顾客能充分享受这购物环境。

POINT , 11 小中庭效果图

小中庭的设计简单大气，没有使用过多复杂元素进行装饰，使整个空间高大、通透。

Chapter 09

综合实力大演练
——居住空间室内设计

居住空间室内设计

居住空间环境与人们的生活密切相关,对人们生活水平的提高具有举足轻重的作用。在居住空间设计中,客厅设计显得尤为重要,不仅要考虑休闲、聚会、会客及娱乐等使用功能,还要考虑家人的爱好、情趣、舒适度与美观等方面因素。

在进行理论的学习后,本书的最后,将全书中的所有重要知识点集中在居住空间的制作过程中,试着结合知识链接、技巧分析、设计误区,对居住空间设计内容加以巩固和提炼,以达到教学目的。

关键知识点

- 室内设计的风格特征
- 室内的空间与界面设计
- 室内设计材料的运用
- 家具的选择与搭配
- 色彩的运用
- 灯光设置

实例效果图(作者:范俊锴)

设计流程

为了打造温馨浪漫的现代客厅空间,在此次的设计中以温馨的淡黄色为主色调,搭配大气的现代风格家具,并合理搭配陈设品和灯具。

在接下来的教学中,从框架空间制作、家具及软装饰、陈设设计、灯光设置四个部分剖析居住空间客厅设计过程,请结合设计步骤,对前面所学知识进行灵活的综合运用。

PART1　框架空间的制作

框架空间的制作
- 要点1：建立墙面
- 要点2：制作木质地板
- 要点3：电视背景墙

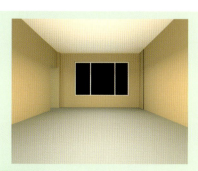

STEP 1
建立墙面

墙面的米黄色让客厅充满家的温暖，更适合做背景色，适合装饰的布置。

STEP 2
制作木质地板

增设木地板，木质地板使得整个空间具有一定的自然气息，使人感觉室内很温暖。

STEP 3
电视背景墙

电视背景墙采用白色调，与现代风格相吻合，并留出放电视柜的位置。

知识链接

墙面颜色是进入房间后给人的第一印象。选择客厅色彩需要考虑的因素很多，但最容易让人忽略的就是房间朝向与居室色彩的关系。朝南，就不该选择暖色调的涂料。因为朝南的房间每天受到的日照时间较长，所以最好不要选用暖色系的颜色，否则会觉得很刺眼。

色彩

在室内空间界面和空间内物体的表现中恰当选择材料，使材料的材质美感得到充分体现，从而创造既舒适、和谐，又具独特个性的室内空间环境。

木质　　　　理石

技巧分析

地面地板色彩的选择要注意室内的光线，光线明亮的可以选择深色地板，光线暗的最好选择浅色地板。

地板

PART2　家具配置

利用家具丰富空间
- 要点1：主要家具
- 要点2：窗帘
- 要点3：添加电视

STEP 1
添加电视柜

电视柜是现代的几何形状，设计高低不等的形式，有利于摆放。

STEP 2
添加沙发

沙发的布置能拉近宾主之间的距离，营造出亲密、温馨的交流气氛和轻松自在的休闲氛围。

STEP 3
茶几和边几

茶几和边几选择现代特征明显的设计，在空间里显得比较大气。

知识链接

为了突出现代的风格。该空间在家具的选择上，突出强调功能性设计，设计线条简约流畅，简化空间线条，让整个大面积产生错落有致的透视效果，强化景深的丰富性。

现代的沙发

沙发运用柔和的色调，为生活带来宁静的感觉，易于把握和运用，富于变化且让人感觉和谐愉快。本案中沙发大面积运用米黄色，"阳光味"的黄色调会给人带来暖意，显得简洁、舒适、大方，令人赏心悦目。

沙发的色彩

技巧分析

U形格局摆放的沙发，适合人口比较多的家庭，本案采用U形布置，交流起来十分方便。因为U形格局围合出一定的空间，所以沙发自身具有隐形隔断的作用。

PART3　陈设设计

陈设品搭配
- 要点1：添加窗帘
- 要点2：添加装饰画
- 要点3：添加绿化

STEP 1
添加窗帘

选择纱帘两层，能阻挡空气中的悬浮物，有隔声吸音的效果。

知识链接

陈设设计能反映设计者或业主的审美取向。特别是对陈设品的选择更是明显地表现出选择者的个性、爱好、文化修养，甚至是年龄大小和职业特点。

陈设搭配

STEP 2
添加装饰画

沙发墙面布置装饰画，比视点平行线略低一些作为画框底部的基准。

技巧分析

陈设品在选择上要注意色彩的明快、活泼鲜明，用以塑造明朗、活泼的气氛。

陈设品

STEP 3
添加绿化

在室内合理布置些绿色植物，能增加室内的自然气氛，使客厅空间更有生气与活力。

设计误区

在布置陈设时，陈设的风格要与室内风格统一，不可随意选择。如本空间中选用墙面的装饰画和绿化设计，合理的陈设可以营造温馨的家庭气氛。

PART4　照明设置

如何进行照明设置？
- 要点1：导入筒灯、吊灯
- 要点2：添加发光带
- 要点3：氛围渲染

STEP 1
导入筒灯和吊灯
将使客厅的气氛更加温馨、雅致，立体感强，能够给整个房间提供一定亮度，起到烘托气氛的作用。

STEP 2
添加发光灯带
增添室内的情趣，发淡黄色的灯光，使室内温馨浪漫的气氛更加浓厚。

STEP 3
调整整个室内光的效果，体现出光源的主次关系，以暖色调为主，形成融洽、温馨的居家气氛。

知识链接

客厅的照明既要体现祥和、融洽的氛围，又要具有一定的品味。将整体形式感、灯具的审美性、灯具的尺度感与光色搭配与空间装修效果协调考虑，使功能和光环境效果得到和谐统一。

吊灯

技巧分析

首先，对全部光源的照度进行控制，形成主次分明的效果，其次要利用灯具的光通量分布的差异，形成虚实结合的光环境。再次，考虑光源的层次感。最后，适度进行点、线、面光源的结合。增添空间的形式美！

筒灯、吊灯、发光带

设计误区

在室内设计时，客厅照明采用较多数量的光源，所以容易造成光环境失调，因此要注意光的整体效果，避免眩光产生。